D1699690

Michael Naujok

BOOTSBAU PRAXIS

Ausbau und Einrichtung

Delius Klasing Verlag

Die Deutsche Bibliothek – CIP Einheitsaufnahme

Naujok, Michael:
Bootsbau-Praxis: Ausbau und Einrichtung / Michael Naujok.–
3., überarb. und erw. Aufl.. – Bielefeld: Delius Klasing, 2002
ISBN 3-7688-1349-5

3., überarbeitete und erweiterte Auflage
ISBN 3-7688-1349-5
© by Delius, Klasing & Co. KG, Bielefeld

Alle Fotos (einschließlich Einband): Michael Naujok
Zeichnungen: John Bassiner
Einbandgestaltung: Ekkehard Schonart
Layout: Gabriele Engel
Lithografie: d&d Gmbh, Bad Oeynhausen
Druck: Westermann Druck Zwickau
Printed in Germany 2002

Alle Rechte vorbehalten! Ohne ausdrückliche Erlaubnis
des Verlages darf das Werk, auch nicht Teile daraus, weder
reproduziert, übertragen noch kopiert werden, wie z.B. manuell
oder mithilfe elektronischer und mechanischer Systeme inklusive
Fotokopieren, Bandaufzeichnung und Datenspeicherung.

Delius Klasing Verlag, Siekerwall 21, D - 33602 Bielefeld
Tel.: 0521/559-0, Fax: 0521/559-113
e-mail: info@delius-klasing.de
www.delius-klasing.de

Inhalt

Vorwort 6	
Grundsatzentscheidung:	
Warum selbst eine Yacht ausbauen? . . . 7	
Auswahlkriterien:	
Wie finde ich das richtige Boot? 9	
Vier gute Gründe:	
Die Yacht meiner Wahl 13	
Ausrüstung:	
Die Kajüte als Werkstatt 18	
Zubehör:	
Profile und Beschläge 24	
Schraubverbindungen:	
Senken, Schrauben, Pfropfen 28	
Verschlusssache:	
Rahmen, Türen, Schnäpper 32	
Folienverarbeitung:	
Schneiden, Kleben, Spannen 37	
Holz-Eckverbindungen:	
Rahmen, Ringe, Radien 43	
Holz-Wandverkleidungen:	
Innenschale, Zwischenlage, Wegerung . . 48	
Druckwasser:	
Zulauf, Durchlauf, Ablauf 52	
Navigation:	
Kartentisch und Geräteschrank 58	
Pantryausbau:	
Stauen, Kochen, Backen 64	
Salongestaltung:	
Schapps, Kojen und Tisch 71	
WC-Raum-Ausbau:	
Waschen, Spülen, Trocknen 78	
Übergänge:	
Verblendungen und Abdeckungen 84	
Holzdecke: Profile und Platten 88	
Gasanlage:	
Schläuche, Rohre, Schellen 94	
Komfort:	
Polster und Kojen 100	

Instrumenteneinbau:
Vom Geber zur Anzeige 104
Gewitterschutz:
Blitzableiter und Erdung 108
Der gute Ton:
Schallisolierung des Motorraumes . . . 111
Bordelektrik:
Stromlauf und Leitungen 113
Perfekter Glanz:
Lackierungen 117
Bodenbelag:
Teppich nach Schablone 122
Durchblick:
Plexiglastüren 124
Meisterstücke:
Perfektes in Form und Farbe 126
Passende Garderobe:
Segeltuche – Segelschnitt 130
Yacht-Stabdeck:
Schick in Teak 134
Saubere Sache:
Einbau eines Fäkalientanks
mit Tankanzeige 150
Gute Optik:
Deck- und Aufbausanierung 153
Wundverband:
Holz-/GFK-Reparaturen 157
Mehr Licht:
Lukeneinbau 160
Sicht und dicht:
Fenstereinbau 163
Frische Flosse:
Kielsanierung 167
Strahlender Auftritt: Lackierungen
von Außenhaut und unter Deck 171
CE-Norm für teilgefertigte Boote
und Eigenbauten 175
Register 176

Vorwort

Learning by doing – oder zu gut Deutsch – Übung macht den Meister. Getreu nach diesem Grundsatz habe ich in den vergangenen Jahren fünf Yachten selbst ausgebaut, beginnend mit einem kleinen 22-Fuß-Küstenkreuzer bis zu einer 33-Fuß-Yacht.

Auch wenn der erste Ausbau nicht gleich auf Anhieb perfekt über die Bühne ging und manche Details vom Bootsbau weit entfernt waren – die gewonnenen Erfahrungen und Kenntnisse und das befriedigende Gefühl, mit eigenen Händen etwas geschaffen zu haben, waren für mich doch von großer Bedeutung. Schon beim zweiten Boot ging es dann bereits viel leichter von der Hand. Die gewonnenen Erfahrungen und eine inzwischen erweiterte Werkzeugausrüstung waren ausschlaggebend für den Erfolg.

Ich möchte mit meinem Buch zweierlei erreichen: dem Anfänger Mut machen (denn bei guter Planung und Vorbereitung ist der Selbstausbau gar nicht so schwer) und dem schon erfahrenen Hobby-Bootsbauer praktische Tipps an die Hand geben, um sein Ergebnis zu optimieren. Haben Sie sich nun zu einem Ausbau entschlossen, sei es ein kompletter Neubau, lediglich eine Teilrestaurierung oder eine Komplettierung einer (fast) fertigen Yacht, dann beherzigen Sie folgenden wichtigen Grundsatz: Bauen Sie nie unter Zeitdruck und machen Sie immer erst einen Teilabschnitt *ganz* fertig, bevor Sie die nächste Arbeit beginnen. Diese – wohl wichtigste, langjährige – Erfahrung aus meinen eigenen Selbstbauten möchte ich allen ans Herz legen, bevor Sie mit dem Studium dieses Buches und anschließendem »Handwerk« beginnen.

Im ersten Abschnitt dieses Buches habe ich Hinweise zusammengetragen, die die Auswahl des richtigen Bootstyps und die Materialwahl behandeln – denn mit der Wahl des richtigen Rumpfes fängt schon das »Abenteuer« Selbstausbau an. Die dann folgenden Kapitel sind für den Ausbau einer Segelyacht ebenso geeignet wie für den Ausbau eines Motorkreuzers, da die Lebensräume unter Deck im Prinzip identisch sind.

Beraten wurde ich beim Großteil meiner Arbeiten von Bootsbaumeister Gustav Dohse – ihm gilt mein besonderer Dank.

Michael Naujok
Frühjahr 2002

Grundsatzentscheidung:

Warum selbst eine Yacht ausbauen?

Aus dem Blickwinkel des Kaufmannes, der mit dem spitzen Bleistift rechnet, lassen sich nur sehr schwer Argumente finden, die Eigenleistung an einer Yacht lohnend erscheinen lassen. Dies ist einfach zu belegen: Würde eben jener Kaufmann in seiner Freizeit seine hoch qualifizierten Fähigkeiten beispielsweise als Finanzberater einsetzen, dann könnte er sicher leicht bei vergleichbarem Zeitaufwand seine Traumyacht finanzieren. So gesehen, lediglich die Einsparung vor Augen, wäre ein Selbstbau nicht lohnend.

Warum also dann, wenn die praktische Vernunft dagegen spricht? Richtig verstehen können den Antrieb zum Handwerk nur jene, die Freude am Entstehen eines eigenen Produktes haben, die sich an der eigenen Leistung begeistern und die eigenen Vorstellungen in die Tat umsetzen möchten. All jenen ist die Frage nach Effizienz fast nebensächlich. Die gestalterische Freiheit, die im eigenen Schaffen liegt, ist ausschlaggebend.

Ich möchte an dieser Stelle ausdrücklich all jenen vom Selbstbau abraten, die nur aufgrund von Rechenbeispielen zum Eigenbau tendieren. Sie werden schon vor dem Stapellauf Schiffbruch erleiden. Zahlreiche Kasko-Wracks allerorten beweisen dies. Wird dagegen schon der Bau des Schiffes als Hobby verstanden, wird es zwar auch hier Höhen und Tiefen geben, aber das Fahrwasser ist zu überwinden.

Heutzutage gibt es eine starke Nachfrage nach Yachten über zehn Meter Länge, die neben Hochseefahrt auch ein großes Maß an Komfort bieten. Und genau bei dieser Größenordnung lohnt sich der Selbstbau besonders. Neueste Umfragen haben ergeben, dass die Zahl der Langfahrt-, aber auch der Langzeitsegler in erheblichem Maße zugenommen haben. Man denke da nur an die vielen Aussteiger und Frührentner, die sich mit dem Segeln über eine längere Zeit einen Traum erfüllen wollen.

Vor Jahren noch war für diese Zielgruppe ein Stahlschiff das Nonplusultra, doch neuerdings entstehen immer mehr Yachten aus GFK und aus Leichtmetall. In manchen Betrieben, die früher nur Stahl verarbeiteten, liegt der Leichtmetallanteil bereits bei zirka 30 Prozent, und einige Werften haben sich inzwischen ganz den Aluminium-Bauten verschrieben.

Die nationale und die internationale Nachfrage wird auch in den nächsten Jahren weiter steigen.

Die Entscheidung, ob man aus GFK, Stahl oder Alu bauen soll, muss jeder Eigner für sich selbst fällen. Es gibt hier keinen eindeutigen ersten, zweiten oder dritten Rang für den einen oder anderen Werkstoff. Als Richtschnur mag hier gelten: Stahl ist preiswerter, leichter zu verarbeiten, rostet, ist schwerer, kann auch von Laien verarbeitet werden. Aluminium ist teurer, erheblich leichter, verlangt fachmännisches Schweißen, rostet nicht, kann aber durch Elektrolyse zerstört werden. Aluminiumrümpfe sollte man daher vorzugsweise als fertige Kaskos vom Fachbetrieb erwerben. GFK-Kaskos sind korrosionsfest, sehr variabel und dank der Gelcoat-Schicht schon fertig »lackiert«. Wer also zum ersten Mal eine Yacht ausbaut, der hat mit einer GFK-Yacht die geringste Mühe, um zum Erfolg zu kommen.

Da fast allen namhaften Konstrukteuren die Werkstoffe bestens bekannt sind, sollten Sie bereits bei der Planung des Risses den Empfehlungen dieser Fachleute vertrauen. Es ist auch eine Frage des Schiffseinsatzes, welchem Baustoff Sie den Vorzug geben.

Wer sich weder für GFK, Stahl noch für Leichtmetall entscheiden kann, dem bleibt noch eine weitere Alternative: Ohne Probleme können der Rumpf aus Stahl und die Aufbauten aus Leichtmetall hergestellt werden. Hier verbindet sich die hohe Festigkeit des Rumpfes mit dem geringen Gewicht des Decks. Und für die Holzliebhaber bietet sich folgende Lösung an: Der Rumpf wird aus Stahl oder Alu und das Deck sowie die Einbauten aus Holz gebaut. Diese vielen Variationsmöglichkeiten kann man nur beim Einzelbau finden. Selbstbauer mit besonderen Fähigkeiten in der Holzverarbeitung haben ebenfalls eine große Auswahl zur Verfügung. Sie reicht vom formverleimten Sperrholzboot bis hin zur massiven Mahagoni-Schale. Jedoch sind generell reine Holzyachten in den Verkaufszahlen rückläufig.

Auch Eigenbauten unterliegen der CE-Norm, dazu lese man die Auszüge auf Seite 175.

Wichtige Entscheidungen müssen vor Baubeginn getroffen werden. Insbesondere die Schiffsgröße und der Anteil der Eigenleistung sollten klar umrissen sein. Schon mancher Eigenbauer musste nach vollendeter Arbeit feststellen, dass er eine Nummer zu klein gebaut hat. Die Arbeitsleistung für ein größeres Schiff wäre nur unerheblich aufwändiger gewesen.

Auch sollte man nur Arbeiten planen, die man sich zutraut. So lassen sich viele Eigner den Rumpf vorfertigen, um nur noch die Einbauten vorzunehmen, denn die Erstellung des gesamten Rumpfes ist stets die schwierigste Arbeit.

Selbstbauer, die die Metallarbeiten zum ersten Mal in Angriff nehmen wollen, sollten sich an Konstrukteure wenden, die über reichlich Erfahrung mit Eigner-Produktionen verfügen. Wer dennoch im Zweifel ist, der sollte sich mit Selbstbauern in Verbindung setzen – der Erfahrungsaustausch von Skipper zu Skipper ist immer noch unersetzlich.

> Dieses Buch ist so angelegt, dass die gezeigten Arbeiten auf fast jedes andere Boot übertragbar sind, lediglich die Dimensionen könnten sich ändern; die grundlegenden Handgriffe und Arbeitstechniken haben also Allgemeingültigkeit.

Auswahlkriterien:

Wie finde ich das richtige Boot?

Viel schwieriger als der Bau oder Ausbau einer Yacht ist oftmals die Wahl des richtigen Bootes. Der Segelsport ist derart breit gefächert, dass man die richtige Wahl nur durch systematisches Vorgehen findet. Ich habe daher, um diesen Findungsprozess zu erleichtern, einen Netzplan aufgestellt, in dem alle wichtigen Bootstypen zusammengefasst sind. Links in der Grafik finden Sie den »Crew-Anspruch« und in der Spalte rechts das passende Boot.

Dazu ein Beispiel: Die Crew (und der Eigner/Skipper natürlich) haben sich nach reiflicher Überlegung für das Fahrtensegeln entschieden. Es steht nun die Frage nach dem Revier an, denn hier muss man sich generell zwischen Binnenrevier (Flüsse, Binnenseen), der Küste und schließlich dem offenen Seebereich entscheiden, da für jedes Revier spezifische Bootsmerkmale vorhanden sind.

Nehmen wir mal an, unser Skipper entscheidet sich für die Kategorie »seetauglich«, dann steht schon wieder eine Entscheidung an. Wie zum Beispiel soll der Kiel des Seekreuzers aussehen? Ein Langkieler für die weiten Reisen in ferne Erdteile oder ein wendiger und schneller Flossenkieler für Reisen auf europäischen Gewässern?

Und wie steht es mit dem Tiefgang? Will unser Skipper nicht nur auf See segeln, sondern auch in flachen Buchten ankern, dann kommt er um einen Hubkieler oder Kielschwerter nicht herum. Sie sehen also, dass bereits unabhängig von der Materialfrage bei der Frage nach dem richtigen Bootstyp eine Fülle von Detailfestlegungen getroffen werden müssen. Und wohl von größter Wichtigkeit ist die Bestimmung der Schiffsgröße. Ich habe einmal den Satz geprägt: »Mit 9,50 Meter Länge fängt der Komfort an, mit 10,50 Meter Länge hört der Komfort auf.« Ich will damit sagen, dass ab 9,50 Meter Gesamtlänge alle wichtigen Bereiche wie Navigation, Pantry, Salon, Kojen, Motorraum, Hygienebereich (WC) und so weiter für die Normalcrew mit zwei bis vier Crewmitgliedern unterzubringen sind. Auf der anderen Seite ist ein Schiff dieser Größenordnung noch relativ einfach in der Handhabung. Die Segelflächen sind noch von kleiner Crew per Muskelkraft zu bändigen. Yachten dagegen weit jenseits der 11-Meter-Grenze verlangen entweder viel Technik (Rollsegel, Ankerwinschen, Bugstrahlruder) oder geballte Manneskraft einer großen (Regatta-) Crew.

Die Ergebnisse der Selbstbauer reichen vom Superschiff bis hin zum Wrack, das niemals mit der berühmten Handbreit Wasser unter dem Kiel schwimmen wird. Daher werden auch immer wieder hitzige Diskussionen von den Befürwortern und den Gegnern des Boots-Selbstbaus geführt. Dabei lassen sich durch Eigenhilfe viele Wünsche verwirklichen und bis zu 40 Prozent der normalen Werftkosten einsparen. Man muss nur einige Grundregeln beachten, bevor man sich ans Werk macht.

In einem 5-Punkte-Programm habe ich zusammengestellt, was vor dem ersten Hammerschlag unbedingt beachtet werden muss.

Regel 1:
Die eigenen handwerklichen Fähigkeiten nicht überschätzen.

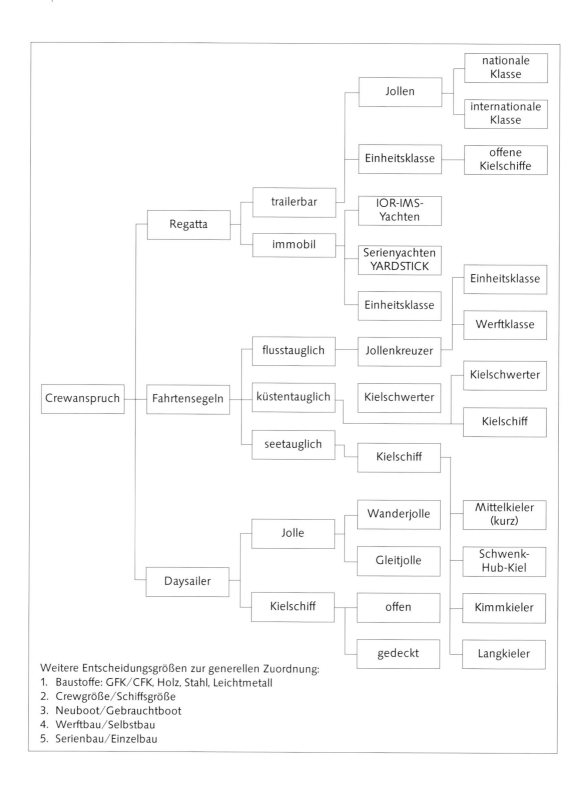

Jeder sollte ganz ehrlich prüfen, was er sich zutrauen kann. Verlassen Sie sich nicht auf Vertreter-Sprüche, dass ja alles ganz einfach sei. Wer einen Rumpf komplett ausbauen will, der sollte nach Möglichkeit einen artverwandten handwerklichen Beruf erlernt haben, zumindest aber über jahrelange Erfahrungen im Hobby-Holzbau verfügen. Wer gar einen Stahlrumpf selbst erstellen und ausbauen möchte, sollte entweder mit einem Stahl verarbeitenden Beruf vertraut sein oder die wichtigen Bootsbauarbeiten von einem Schweißfachmann ausführen lassen.

Dagegen ist das Laminieren eines Rumpfes bei genauer Anleitung auch vom Nichtfachmann möglich. Wer noch keinerlei Erfahrungen im Bootsbau besitzt, der tut gut daran, entweder zunächst ein kleines Projekt in Angriff zu nehmen beziehungsweise erst einmal bei einem Club-Kameraden die nötigen Erfahrungen zu sammeln. Wer leichtfertig an ein Projekt herangeht, der zahlt mit Sicherheit drauf; entweder schon beim Bau in finanzieller Hinsicht, spätestens jedoch im rauen Seealltag.

Regel 2:
Eine genaue Planung aufstellen.
Wer bei der Planung spart oder wichtige Punkte außer Acht lässt, erleidet Schiffbruch, bevor der Stapellauf beginnen kann.
Die Planung muss bereits mit der Wahl des Schiffstyps beginnen, das heißt, man muss sich darüber im Klaren sein, welches Revier befahren werden soll und wie viel Personen gewöhnlich an Bord leben müssen. Machen Sie sich Gedanken, ob es ein Kielschiff, ein Kielschwerter oder gar ein Kimmkieler sein soll. Bei der Vorbereitung muss auch berücksichtigt werden, welche Art von Bauplatz zur Verfügung steht. Erstrebenswert ist ein beheizter Hallenplatz mit gleich bleibender Temperatur. Hallen ohne Heizung sind in der kalten Jahreszeit nicht viel mehr wert als eine Planenabdeckung. Den Bootsbau im Freien sollten wir in unseren Breiten vergessen.

Schaffen Sie sich günstige Transportwege, hier kann man eine Menge Zeit und manchen Schweißtropfen sparen. Stellen Sie sich einen durchführbaren Zeitplan auf; nur dann verhindern Sie, dass der Stapellauf im Dezember stattfindet.

Regel 3:
Ein Finanzplan mit allen Details.
Verschaffen Sie sich alle verfügbaren Kataloge der einschlägigen Zubehör-Industrie und machen Sie sich Stücklisten – aber mit genauen Preisen und nicht mit Zirkapreisen. Machen Sie Preisvergleiche – es lohnt sich. Befragen Sie Eigner, die schon ein derartiges Schiff ausgebaut haben. Sie können Ihnen nicht nur Preise nennen, sondern Auskunft geben über Zeitpläne, eventuelle Schwierigkeiten oder aber Tipps zu verschiedenen Bauabschnitten. Fast immer haben auch die Lieferanten von Kaskos oder Bauplänen Zahlenmaterial zur Hand. Nutzen Sie diese Erfahrungen reichlich.

Regel 4:
Genau und sauber arbeiten.
Bekanntlich gibt es für Schiffe noch keinen TÜV. Sie sind also selbst für das Fahrzeug verantwortlich, das Sie in mühevoller Kleinarbeit zusammenbauen. Pfusch kann sich in einer klemmenden Tür bemerkbar machen, aber auch durch Schiffbruch. Halten Sie stets Kontakt mit den Fachleuten oder mit dem Hersteller. Halten Sie vorgegebene Dimensionierungen genau ein. Errechnete Ballastanteile sind verbindlich und dürfen nicht einfach durch eigene Überlegungen geändert werden.
Schon so mancher Selbstbauer hat auf halber Strecke das Handtuch geworfen, weil er immer unzufriedener mit seiner Arbeit wurde. Daher lieber eine Baugruppe (z. B. die Pantry) zunächst ganz weglassen, wenn der Stapellauf-Termin drängt, als später ganze Segmente zu erneuern.

Regel 5:
Auf bewährte Konstruktionen zurückgreifen.
Wählen Sie ein Boot aus, bei dem vor allem der Riss stimmt, der nach Möglichkeit von einem bekannten Konstrukteur stammen sollte. Ein guter Riss zeigt sich auch in formschönen, harmonisch strakenden Rumpflinien. Nur ein optisch ansprechendes Boot mit besten Segeleigenschaften lohnt den Einsatz, schafft dauerhafte Freude und ermöglicht ein einigermaßen zufrieden stellendes Ergebnis bei einem späteren Verkauf. Am sichersten gehen Sie hier, indem Sie ein Schiff wählen, bei dem diese positiven Kriterien seit langem bekannt sind.

Dieses Fünf-Punkte-Programm lässt natürlich noch keinen Meister vom Himmel fallen, doch verringert es im erheblichen Maße das Risiko. Wer jetzt verunsichert ist, der sollte zunächst bei einem Segelkameraden über die Schulter schauen und mithelfen, bis die eigenen handwerklichen Fähigkeiten eingeschätzt werden können.

Vier gute Gründe:

Die Yacht meiner Wahl

Auch ich stand bei der Suche nach meinem »Traumschiff« vor einem breit gefächerten Angebot und verspürte die sprichwörtliche Qual der Wahl. Ich suchte eine Segelyacht mit besonders guten, sprich sportlichen Segeleigenschaften. Sie soll einerseits schon mit zwei Personen zu bedienen und im Bedarfsfall mit maximal vier bis sechs Personen zu bewohnen sein. Meine Wahl fiel auf die CB-33 – gezeichnet von Designer Carl Beyer – aufgrund folgender Merkmale: harmonische Linien über und unter Wasser, ein hohes, flexibles Rigg mit großer Segelfläche, ein tief reichender Bleikiel für maximale Stabilität und last but not least Sandwichbauweise unter Verwendung von Balsa-Holz. Die kleine schwedische Sätas-Werft (3 Brüder bilden das Stammpersonal) baut zwar keine hohen Stückzahlen, aber in guter Qualität. Ich habe mich für die so genannte Sail-Away-Version entschieden. Das bedeutet: innen leer – außen komplett. Dieser Bauzustand (mit Hauptschotten und Motor innen) erlaubt es dem neuen Eigner, den Neubau auf eigenem Kiel nach Hause segeln zu können – die Transportkosten entfallen also. Diese Baustufe kostet etwa 65 % vom Gesamtpreis (ohne Segel) einschließlich Mehrwertsteuer. Die genauen Preis- und Lieferlisten erhalten Sie beim Hersteller: Sätas Bätvarv in S-44090 Henan/Schweden.

1 CB-33 vorher: Der Innenraum ist mit dem Nötigsten für die Überführungsfahrt ausgerüstet. Die Hauptschotten, ein Notfußboden aus einfachem Sperrholz und die Kojenauflagen sind rohbaumäßig vorgefertigt.

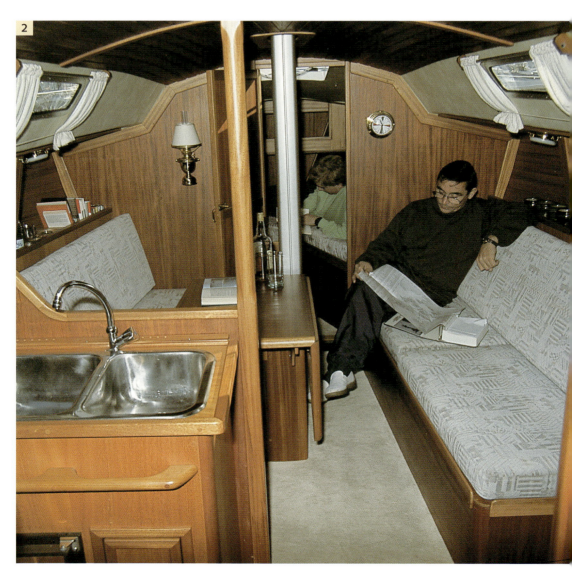

2 CB-33 nachher: Zirka 1000 Arbeitsstunden später – der Innenraum hat Gestalt angenommen. Vorn an Backbord die Pantry. Vier Personen haben bequem Platz am Salontisch.

3 CB-33 am Wind: Der hohe Mast trägt zirka 60 Quadratmeter Segelfläche am Wind. Gute Segeleigenschaften sind damit auch schon bei wenig Wind garantiert.

So komfortabel soll die Pantry einmal werden. Mit Doppelspüle, eingebautem Kühlschrank unter der Arbeitsfläche, kardanischem Gasherd, Geschirrschapp und Tassenhalter.

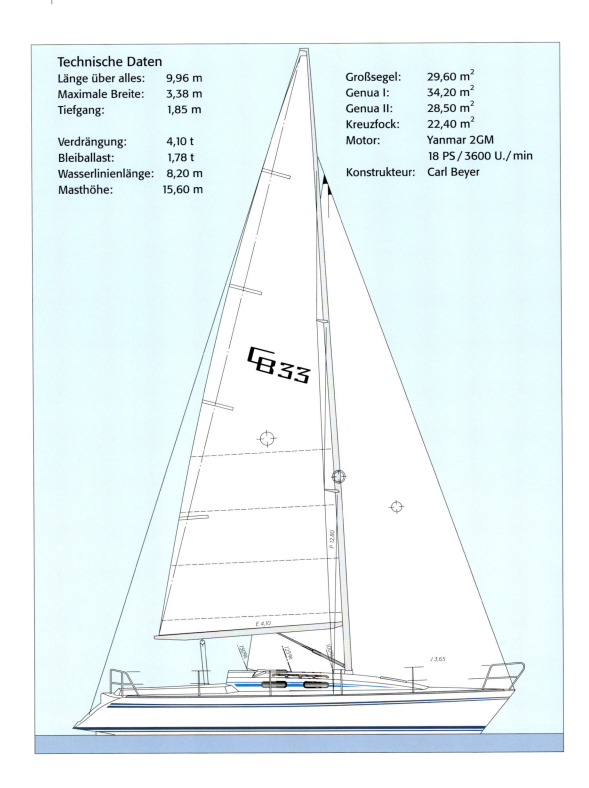

Technische Daten
Länge über alles: 9,96 m
Maximale Breite: 3,38 m
Tiefgang: 1,85 m

Verdrängung: 4,10 t
Bleiballast: 1,78 t
Wasserlinienlänge: 8,20 m
Masthöhe: 15,60 m

Großsegel: 29,60 m²
Genua I: 34,20 m²
Genua II: 28,50 m²
Kreuzfock: 22,40 m²
Motor: Yanmar 2GM
                18 PS / 3600 U./min
Konstrukteur: Carl Beyer

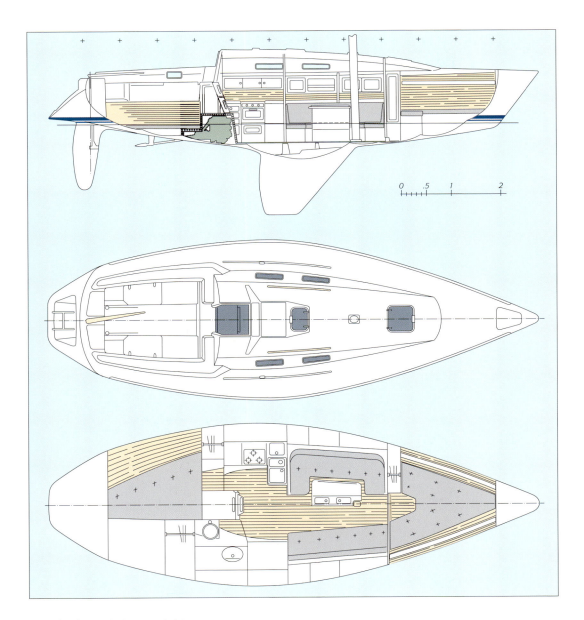

Draufsichten, Seitenansicht

Die CB-33 ist ein Flossenkieler mit tief reichendem Kiel und vorbalanciertem Flossenruder. Die Innenaufteilung der Werft habe ich im Großen und Ganzen übernommen. Lediglich die Salonaufteilung habe ich abgeändert – durch einen anderen Tisch, schrägere Rückenlehnen, offene Schapps und so weiter. Die Änderungen in der Pantry: Arbeitsfläche höher gelegt (damit ein Kühlschrank unter die Spüle passt und damit man besser in aufrechter Haltung arbeiten kann). Außerdem hat der kardanisch aufgehängte Herd mehr Freiraum ringsherum, damit man diesen Bereich besser sauber halten kann.

Ausrüstung:

Die Kajüte als Werkstatt

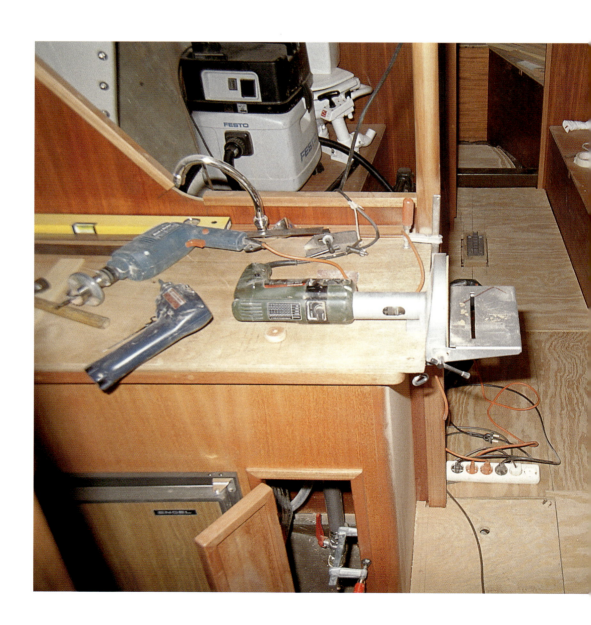

AUSRÜSTUNG | 19

Welche Werkzeuge benötigt werden und wie die Kajüte für den Ausbau vorbereitet wird, ist Inhalt des ersten Kapitels, das zunächst die Voraussetzungen schaffen soll, um einen Selbstausbau zufrieden stellend ausführen zu können. Vernünftige Investitionen zahlen sich später mehrfach wieder aus.

Meine erste Segelyacht habe ich unter einer Plane auf einer Wiese ausgebaut – ohne elektrischen Strom. Die Arbeit und das Ergebnis waren oftmals niederschmetternd, da selbst bei guter Planung und Vorbereitung elektrische Werkzeuge nur durch langwierige Handarbeit zu ersetzen waren. Heute, 20 Jahre später, wäre für mich ein derartiger Ausbau nicht mehr denkbar. Zum einen sind die Ansprüche an die Eigenleistung gestiegen, und zum anderen sind Heimwerker-Werkzeuge erschwinglich geworden. Ebenso verhält es sich mit dem Handwerkszeug, das in den letzten Jahren erheblich besser geworden ist – bei fast gleich bleibenden Preisen. Die großen Baumärkte haben hier für ein gutes Angebot gesorgt.

Für den inzwischen vierten Ausbau einer Segelyacht habe ich einen Werkzeugsatz, der zwar nicht üppig ist, aber dennoch die notwendigsten Maschinen und Spezialwerkzeuge beinhaltet – immer unter dem Gesichtspunkt, »an Bord« arbeiten zu können. Alle Maschinen müssen also klein und kompakt sein. Eine Tischkreissäge oder eine Abrichtbank kann man als Selbstbauer getrost vergessen. Bei richtiger Planung kommt man auch ohne sie aus.

Ich möchte in dieser Aufstellung nur die wichtigsten Sonderwerkzeuge nennen, denn man kann davon ausgehen, dass ein Hobby-Handwerker, der sich mit dem Ausbau eines Bootes beschäftigen will, bereits Hammer, Schraubendreher, Zangen und dergleichen im Hause hat.

20 | DIE KAJÜTE ALS WERKSTATT

1 Handstichsäge: Dieses Gerät ist wohl das wichtigste Werkzeug bei der Holzbearbeitung. Die Schnittgeschwindigkeit sollte stufenlos verstellbar sein, und die Säge sollte eine Ausblaseinrichtung haben, die die Späne von der Schnittstelle bläst. Andernfalls geht Ihnen schnell die Puste aus.

2 Ganz wichtig für saubere Flächen ist der **Bandschleifer**, besonders wenn Sie große Flächen abschleifen müssen. Mit der Korngröße bestimmen Sie das Schliffbild. Möglichst keine Billig-Geräte anschaffen, wenn Sie viel vorhaben.

3 Bohrmaschinen und Bohrschrauber: Mindestens zwei bis drei Bohrmaschinen sind notwendig, um nicht ständig die Bohrer, Senker und Fräser wechseln zu müssen. Außerdem empfiehlt es sich, einen akkubetriebenen Schraubendreher mit Schnellladegerät anzuschaffen. Man achte darauf, dass das Gerät mit einer schnell zu bedienenden Vorwärts-Rückwärts-Schaltung ausgestattet ist.

4 Ebenfalls unentbehrlich: ein guter **Rotationsschleifer** mit Staubfang-Sack. Diese Geräte haben in weiten Teilen die Schwingschleifer abgelöst. Achten Sie beim Kauf auf ein Gerät mit verschiedenen Geschwindigkeiten (stufenlos einstellbar).

5 Abrichtscheibe mit Tisch: Die kleine, aber dennoch ungemein wichtige Abrichtscheibe sollte bei keinem Selbstbau fehlen. Kanten, Gehrungen und Winkel lassen sich mit ihr hervorragend einschleifen. Rahmen mit Gehrungen werden damit wirklich passgenau.

6 90-Grad-Senker: Alle Senkkopfschrauben müssen, wenn sie richtig sitzen sollen, ein vertieftes Bett für den Schraubenkopf bekommen. Auch hier gilt: Kein Billigwerkzeug verwenden, da es das Holz eher aufreißt als sauber ausschneidet.

7 Lochkreissäge: Bei runden Durchbrüchen – sei es für Lüfter, Schlauchdurchführungen oder Gläserhalter – ist ein guter Lochschneider wichtig. Nicht die billigste Ausführung wählen, denn die gibt bei GFK-Schnitten schnell ihren Geist auf.

8 Pfropfenbohrer: Dieses Spezialwerkzeug ist unentbehrlich zum Bohren von Sacklöchern, die anschließend mit Holzpfropfen verschlossen werden. Nehmen Sie ein sehr gutes Werkzeug, denn bei einer Zehn-Meter-Yacht kommen leicht mehrere hundert Pfropfen zusammen.

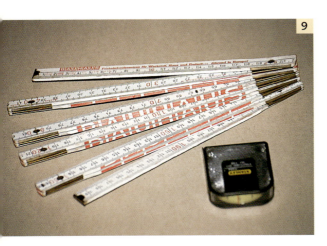

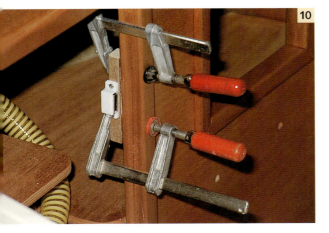

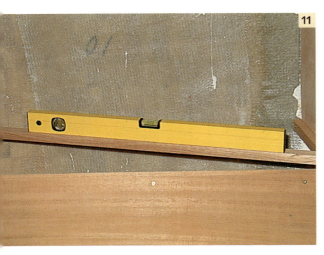

9 Reißzeug: Stahlwinkel mit Holzanschlag, Stahllineal und Rollmaß sind ein absolutes Muss. Nur mit diesen drei Werkzeugen ist maßgetreues Arbeiten möglich. Das Bandmaß sollte für Innenmessungen ausgelegt und drei Meter lang sein.

10 Schraubzwingen: Sie sind für den Selbstausbauer so wichtig wie der Amboss für den Schmied. Ohne Zwingen läuft gar nichts. Hier gilt die Devise: Je mehr vorhanden sind, desto besser. Mindestens zehn sollten an Bord sein, wenn möglich in verschiedenen Größen.

11 Wasserwaage: Ohne dieses Gerät kann man im wahrsten Sinne des Wortes nichts ausrichten. Voraussetzung für das Arbeiten mit der Wasserwaage ist allerdings, dass der Bootsrumpf genau in der Waage liegt, und zwar in beiden Achsen!

12 Gehrungslehre: Modelle aus Holz sind ungeeignet, Fabrikate aus Leichtmetall gerade noch brauchbar. Besser sind Gehrungssägen mit Säulenführung, die auch nach vielen Schnitten winkeltreu schneiden.

13 Zylinderfräser: Diese kleinen Zusatzwerkzeuge für die Bohrmaschine sind zum Nacharbeiten, Aufweiten und Kantenbrechen unentbehrlich, speziell dort, wo man mit großen Werkzeugen nicht herankommt.

14 Kegelfräser: Diese Bohrmaschinen-Einsätze benötigt man für Bohrungen in GFK-Bereichen, die schlecht mit einem Bohrer zu erreichen sind, zum Beispiel für Schlauchdurchbrüche in der Bodenrahmengruppe.

15 Ganz wichtig bei allen Arbeiten ist der **Arbeitsschutz:** Schutzbrille und Handschuhe sind bei vielen Arbeiten unentbehrlich (auch wenn sie stören). Beim Schleifen ohne Absaugung stets eine Staubmaske verwenden. Wenn Sie Lösungsmittel verwenden – immer

gut lüften. Vorsicht auch bei Rotationsbürsten – die feinen Stahldrähte können sich lösen und herumschleudern (immer eine Schutzbrille tragen)!
Wichtiger Tipp: Arbeiten Sie möglichst nie ganz allein. Stellen Sie sicher, dass im Notfall schnelle Hilfe möglich ist (Handy, Signalhorn, Notruf, Verbandskasten, Feuerlöscher etc.).

Bei der Einrichtung der Werkstatt in der Kajüte sollte man in folgenden Schritten vorgehen: Zunächst muss ein stabiler Notfußboden verlegt werden, in den man auch mal unbeabsichtigt hineinbohren kann. Hierzu eignen sich ungeschliffene Sperrholz- oder Hartfaserplatten. Als Beleuchtung kommen unter die Decke ein oder zwei Leuchtstofflampen à 60 Watt; hinzu kommen ein oder zwei Kabellampen mit Weichtonbirnen (100 Watt), die man variabel einsetzen kann. Die Stromversorgung geschieht über zwei Fünffach-Steckerleisten.
Als Werkbank stellt man zunächst die Pantry im Rohbau her, die dann mit einer kräftigen, 16 Millimeter dicken Arbeitsplatte abgedeckt wird. Auf diese Weise erhält man einen guten Werktisch, an dem auch die Abrichtscheibe befestigt werden kann. Als weitere »Werkbänke« dienen die beiden Salonkojen, die aber noch keine Schlingerleisten für die späteren Polster erhalten.

Zubehör:

Profile und Beschläge

Zum Gelingen eines guten Bootsbaues gehört auch die richtige Auswahl der passenden Profile, Leisten und Beschläge. Holzfachhändler und Tischlereien halten eine große Auswahl vorrätig, und gegebenenfalls lassen sich auch Leisten individuell auf Maß anfertigen.

Man kann als Hobby-Bootsbauer eine Menge selbst machen, aber das maßgenaue Schneiden und Fräsen von Leisten sollte man dem Fachmann überlassen. Er hat ausgelagertes Holz, er hat Profi-Maschinen und die Erfahrung zur Herstellung dieser Zubehörteile. Ich würde niemandem empfehlen, an dieser Stelle zu sparen, denn die Leisten runden in einer Yacht erst das Gesamtbild ab. Wenn diese Abschlüsse ungleichmäßig, rau und rissig sind, dann stimmt die ganze Optik nicht mehr.

Wenn Sie Leisten bestellen wollen, dann machen Sie sich vorher eine möglichst genaue Aufstellung. Es ist immer günstiger,

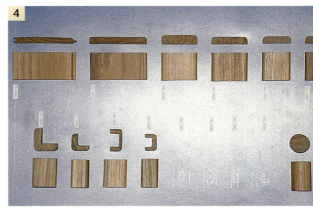

wenn Sie den gesamten Bedarf bestellen. Dann haben Sie nämlich die Gewähr, dass Sie Leisten von gleicher Struktur und gleicher Farbgebung erhalten, denn fast jeder Stamm ist unterschiedlich in der Farbe.
Und noch ein Tipp: Denken Sie an den Verschnitt. Bestellen Sie lieber ein paar Meter mehr als zu wenig; nur so kommen Sie nicht in Verlegenheit, irgendwann anstückeln zu müssen.

1 Profile in Hülle und Fülle. Hier eine Auswahl der Tischlerei Behn aus Hamburg-Osdorf, die sich auf den Selbstbaubereich spezialisiert hat. Fast alle Profile sind in Teak oder Mahagoni zu bekommen. Auf Sonderwunsch natürlich auch aus anderen Holzarten.

2 Die Profilleisten für eine Doppelschiebetür. Die Leiste mit der flachen Nut ist unten, die Leiste mit der tiefen Nut oben. So kann man durch Anheben die Tür herausnehmen.

3 Saubere Ecken sind wichtig. Wenn einmal der Eckstoß nicht so geklappt hat und Fugen aufweist, kann man mit einer gefrästen Eckleiste die Fuge verdecken. Dies sollte man aber nicht generell schon einplanen – guter Schiffbau braucht das in der Regel nicht.

4 Schauen Sie sich beim Handel und auf Messen um, was der Markt bietet. Es sind schon fast alle wichtigen Profile per Katalog bestellbar. Einzelfräsungen sind immer sehr teuer. Lassen Sie sich Proben zeigen, damit die

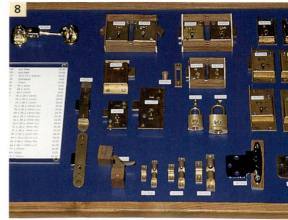

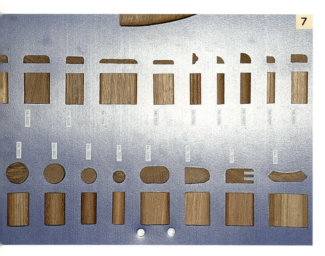

Farbe stimmt. Jede Holzart hat eine große Farbskala.

5 Das Profil einer Scheuerleiste aus Teakholz. Die kleine Nut an der Unterseite ist die so genannte Tropfkante. Sie verhindert, dass das Wasser vom Deck abtropft und nicht die Außenhaut entlangläuft (zur Verhinderung von Schmutzstreifen).

6 Rundhölzer aller Größen für Gardinenstangen, Kleiderstangen in Schränken und so weiter. Durchmesser von 10 bis 30 Millimeter sind oftmals ab Lager erhältlich.

7 Endleisten für Trittstufen, Tischflächen und Deckel. Als Grundregel sollte immer gelten: lieber eine Leiste etwas kräftiger als zu dünn ausfahren. Zu dünne Leisten können einen Ausbau verunstalten. Wenn Sie nicht ganz sicher sind, machen Sie zunächst Probestücke – es lohnt sich.

8 Beschläge in Hülle und Fülle. Ganz wichtig vor dem Bau: Planen Sie vom Beschlag zum Holz – nur so herum ist eine Anpassung möglich. Erst das Schloss ordern, dann die Tür bauen!

9 Achten Sie auf Maserungen und Farben, denn nicht alle Hölzer passen gut zusammen. Selbst Werftbauten (Bild) wirken oftmals zu bunt in Ton und Maserung.

10 Diese Handläufe kann man fertig im Fachhandel beziehen. In der Regel für eine 12 Millimeter dicke Sperrholzplatte.

11 Holzrahmen für Fenster sind ebenfalls schon fertig zu beziehen. Diese Holzteile sind selbst nur unter großen Schwierigkeiten herzustellen.

12 Eine Auswahl von Griffen und Fingerlochblenden. Durch Anbringung dieser Elemente gewinnt die Optik einer Yacht – der Ausbau wirkt dann erheblich professioneller.

Schraubverbindungen:

Senken, Schrauben, Pfropfen

Eine wichtige und immer wiederkehrende Arbeit beim Holzbootsbau ist das Ausfüllen von Schraubenbohrungen mit kleinen, runden Holzdübeln. Mehrere hundert dieser Pfropfen müssen auf einer Zehn-Meter-Yacht untergebracht werden.

Nichts stört mehr bei einem Holzausbau als blanke Schraubenköpfe aus rostfreiem Stahl. Doch im modernen Serienbau wird der fachgerecht eingesetzte Pfropfen leider immer seltener. Er verleiht einer Yacht erst das schiffige Aussehen. Die Gründe für den Verzicht liegen auf der Hand: Das Einsetzen, Kürzen und Verschleifen dieser kleinen Holzzylinder ist nur in Handarbeit möglich und erfordert Zeit und Geschick.

Es gibt allerdings auch Stellen und Bauteile auf einer Yacht, wo man aus konstruktiven Gründen auf das Pfropfen verzichten muss. Dies ist bei sehr dünnen Leisten der Fall und bei Bauteilen (Abdeckplatten), die später einmal wieder gelöst werden müssen, um Kabel nachzuziehen oder Inspektionen durchzuführen. Wenn sich schon keine Pfropfen verwenden lassen, sollte man statt Schrauben aus rostfreiem Stahl solche aus Messing verwenden, die besser zum Holzfarbton passen.

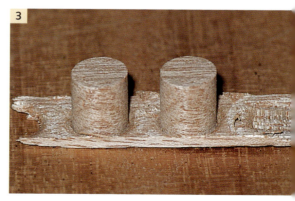

Pfropfen kann man aus allen gängigen Holzarten anfertigen oder fertig kaufen. Auch kann man wählen zwischen 8, 10 oder 12 Millimetern Durchmesser, je nach Schraubenkopfgröße. Es hat sich herausgestellt, dass man im Grunde mit 10-Millimeter-Pfropfen im gesamten Schiff auskommt. Der Vorteil:

Man benötigt nur einen Bohrer und eine Sorte Pfropfen.

1 Blanke Köpfe: Sie sind leider ein Detail, das immer häufiger im Serienbau zu finden ist. Aus Zeit- und Kostengründen werden Leisten, Handläufe und Plattenverbindungen beim Innenausbau des Bootes einfach zusammengeschraubt; der blanke Kreuzschlitzkopf bleibt für ewig sichtbar.

2 Pfropfen In Eigenfertigung: Aus Holzabfallstücken lassen sich mit einem Pfropfenbohrer leicht Pfropfen herausschneiden. Dazu ist allerdings eine stabile Ständerbohrmaschine erforderlich. Wichtig ist außerdem, dass man auf die passende Holzfarbe und auf die Holzfaserichtung achtet. Es muss unbedingt quer zu den Jahresringen gebohrt werden, damit die Pfropfen später »scheibchenweise« gekürzt werden können.

3 Pfropfen aus dem Fachhandel: Kaufen Sie zunächst nur ein paar zur Probe. Passen Durchmesser und Farbe (jedes Mahagoni hat eine andere Farbgebung), dann kann man größere Mengen einkaufen. Achten Sie darauf, dass der Faserverlauf eingehalten wurde und die Oberfläche glatt ist. Wurden nämlich die Pfropfen mit einem stumpfen Bohrer hergestellt, ist ihre Oberfläche rau, und sie lassen sich dann nur schlecht einschlagen.

4 Der Pfropfenbohrer: Das Spezialwerkzeug gibt es im Fachhandel zu kaufen. Bohren Sie mit hoher Drehzahl und geringer Vorschubgeschwindigkeit; achten Sie darauf, dass die Bohrspäne gut abfließen können. Bei tiefen Sackbohrungen des Öfteren den Bohrer zurückziehen und die Späne entfernen. Da Holz ein schlechter Wärmeleiter ist, muss dies geschehen, um den Bohrer vor dem Ausglühen und Weichwerden zu bewahren. Bei Sackbohrungen immer erst mit dem Pfropfenbohrer arbeiten und anschließend das

Durchgangsloch für die Schrauben bohren. Im umgekehrten Fall könnte sich die Zentrierspitze des Pfropfenbohrers nicht im Holz fixieren – der Bohrer würde taumeln und die Ränder der Bohrung aufreißen.

5 Holzschraube: Man sollte im Boot generell Schrauben aus rostfreiem Stahl benutzen. In Einzelfällen können auch Messingschrauben Verwendung finden; sie reißen aber beim Anziehen in Hartholz leicht ab. Bei dicken Schrauben (über sechs Millimeter Durchmesser) unbedingt vorbohren, da sonst das Holzbauteil aufreißen kann. Außerdem sollte man immer Kreuzschlitzschrauben verwenden – ein Abrutschen des Schraubendrehers ist dann so gut wie ausgeschlossen, speziell wenn ein elektrischer Schrauber verwendet wird.

6 Einsetzen des Pfropfens: Die Pfropfen werden stets mit Bootsleim eingeschlagen, auch wenn es sich um lange Pfropfen handelt. Mit der schlanken Tülle der Leimflasche wird der Leim in die Bohrung gebracht, aber nicht wie hier – als schlechtes Beispiel – in großen Mengen. Der heraustretende Leim muss sorgfältig wieder entfernt werden, weil er beim späteren Lackieren unter dem Lack Flecken bilden würde (die vorher kaum sichtbar sind).

7 Sitz des Pfropfens: Dieser Pfropfen sitzt richtig – Farbe, Maserungsrichtung und Leimauftrag stimmen. Man hört es am Klang des Hammerschlags, wenn der Pfropfen unten auf die Schraube aufstößt. Nicht zu stark einschlagen, damit die Holzstruktur nicht zerstört wird. Und die Grundregel einhalten: Der Pfropfen darf beim Einschlagen nicht verkanten! Es bildet sich dann ein unschönes ovales Pfropfenloch.

8 Kürzen des Pfropfens: Nach dem Aushärten des Bootsleims wird der Pfropfen mit einem scharfen Stecheisen, die Schrägung nach unten, Scheibchen für Scheibchen eingekürzt. Nicht gleich in Leistenhöhe die Klinge ansetzen. Es könnte dann sein, dass der Pfropfen wegen des nicht immer horizontalen Faserverlaufs unterhalb der Leistenoberfläche abreißt. Man müsste ihn dann umständlich ausbohren und einen größeren Pfropfen nachsetzen.

9 Falscher Ansatz: Niemals das Stecheisen, wie hier im Bild gezeigt, mit der Schrägung nach oben ansetzen. Die Klinge zieht sich nach unten, und es wird zu viel vom Pfropfen abgetragen! Die Vorarbeit wäre damit umsonst.

10 Einglätten: Als letzter Arbeitsgang wird mit Hilfe eines Holz- oder Korkklotzes, umwickelt mit feinem Schleifpapier, die Pfropfstelle so lange in Faserrichtung geschliffen, bis Leiste und Pfropfenoberfläche glatt und bündig sind. Etwaige angetrocknete Leimreste sind vorher zu entfernen.

11 Ergebnis: Die mechanische Arbeit ist hier in Ordnung, auch stimmt die Faserrichtung – die Holzfarbe ist aber etwas zu hell. Nur durch Proben kann man die richtige Wahl treffen.

12 Falscher Ansatz: Beim Bohren mit dem Zapfenbohrer wurde nicht gleich die richtige Stellung getroffen. Die Folge: Der Einschnitt der »Falschbohrung« lässt sich kaum noch wegschleifen und bleibt als ringförmige Einkerbung sichtbar.

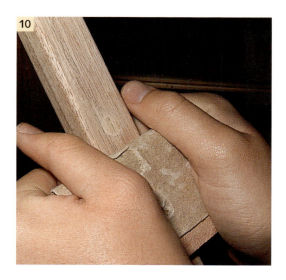

Verschlusssache:

Rahmen, Türen, Schnäpper

Besonders Staufächer, die quer zur Schiffslängsachse liegen, müssen mit Türen verschlossen sein, soll nicht bei Lage das Staugut über Stag gehen. Wie man eine stabile und formschöne Tür fachgerecht herstellt, zeigt dieses Kapitel.

Eine der Zeit raubendsten Arbeiten beim Bootsausbau ist die Anfertigung der vielen kleinen Schapp- und Schranktüren, weil man sehr genau arbeiten muss. Hier wird jeder Fertigungsfehler sofort sichtbar. Nehmen Sie sich daher für die Türen viel Zeit – eine Tür pro Tag ist bereits ein gutes Pensum.
Bevor Sie mit der praktischen Ausführung beginnen, erstellen Sie sich einen Gesamtplan für den Salon, denn die einzelnen Türen sind gut aufeinander abzustimmen. Das bedeutet, dass man eine gewisse Symmetrie und ein Gleichmaß anstreben sollte. Haben Sie sich für ein bestimmtes Türbild entschlossen, muss dieses im gesamten Schiff verwendet werden, damit später ein einheitlicher Eindruck entsteht.
Wer es sich etwas einfacher machen will, der kann Türen anfertigen, die größer als der Türausschnitt sind. Sie verdecken dann etwaige Fertigungstoleranzen, da sie über den Ausschnitt klappen. Der Nachteil: Diese aufgesetzten Türen sind in der Regel recht dünn und haben nur einen Umleimer, aber keine feste Einfassung.
Die hier beschriebenen Türen müssen im Gegensatz zu den eben genannten ganz exakt gearbeitet werden, da sonst die Spalten zwischen Tür und Rahmen nicht genau parallel

verlaufen. Aber die Mehrarbeit lohnt sich – die Türfront wirkt sehr viel ebener.
Außerdem werden bei diesen Türen die vorher herausgeschnittenen Teile der Schrankfront verwendet, was eine absolut passende Holzmaserung und Farbgebung mit sich bringt. Sie sollten daher die Frontausschnitte sofort nach dem Heraussägen kennzeichnen, damit sie später als Türen in gleicher Faserrichtung wieder eingebaut werden können.

1 Nachdem der Schrankboden fertig eingesetzt ist, wird die Frontplatte mit dem entsprechenden Türausschnitt eingepasst, verleimt und verschraubt. Die Rahmenteile sollten symmetrisch sein.

2 Zunächst werden die obere und untere Leiste mit Gehrung auf Länge geschnitten und ohne Leim eingelegt, da beide Leisten später wieder herausgenommen werden müssen.

3 Mit den beiden langen Leisten kann man das genaue Maß für die kurze rechte Leiste ermitteln. Am einfachsten geht es, wenn man zunächst grob die Länge zuschneidet, die Leiste anhält, anzeichnet und die genaue Passlänge an der Abrichtscheibe einschleift. In der Reihenfolge: unten, rechts und dann oben werden die drei Leisten zur Kontrolle eingelegt. Es ist darauf zu achten, dass die Gehrungsschnitte ganz genau zueinander passen.

4 Die vierte Leiste mit U-Profil kann man nur einsetzen, wenn *eine* Kante entfernt wird, da diese letzte Leiste von vorn eingeschoben werden muss. Man sägt die Kante ab oder arbeitet sie mit dem Stecheisen herunter.

5 So muss die Leiste vor dem Einsetzen aussehen. Die Kante ist bis zum Boden der U-Nut abgetragen. Gegebenenfalls kann man mit einem Schmirgelbrett die Fläche einebnen (im Hintergrund die Ausgangsform).

6 Vor dem Einsetzen der Leisten werden alle Auflageflächen mit Bootsleim eingestrichen – auch die Stirnflächen. Den herausquellenden Leim sofort entfernen, da sich sonst beim Lackieren Flecken bilden.

7 Nach dem Rahmen folgt die Herstellung der Tür beziehungsweise Klappe. Auch hier werden die Leisten nacheinander auf Länge gebracht und am Türblatt kontrolliert. Nach dem Zusammenfügen der eingeleimten Leisten fixiert ein Tape die richtige Lage.

8 Sollten die Leisten unterschiedlich gefräst sein, müssen sie mit einer Schraubzwinge in die exakte Position gebracht werden. Diese »Zwangsmaßnahme« ist aber in der Regel nicht nötig, wenn die Nuten in den Leisten sauber gefräst worden sind. Daher sollte man dem Holzlieferanten immer eine Probe des Sperrholzes vorlegen oder Leisten und Holz gemeinsam bestellen.

9 An der Abrichtscheibe werden die Ecken der Tür leicht gerundet. Mit Schleifpapier (etwa 200er Korn arbeitet man von Hand nach, bis der Radius der Leistenkanten erreicht ist.

10 Wenn das Türblatt fertig ist, wird auf der Vorderseite das Fingerloch angezeichnet. Der Abstand zur oberen Leiste muss so groß sein, dass der Rand der Ringblende gerade noch dazwischen passt.

11 Die Bohrung wird mit dem Kreisschneider von *beiden* Seiten geschnitten, damit auf jeder Seite eine glatte Schnittkante entsteht. Beim Bohren die Bohrmaschine nicht verkanten, da das Loch sonst zu groß wird.

12 Da die Holzringe in der Regel nicht ganz rund sind, bilden sich auf der Rückseite unschöne Spalten, die zunächst mit Bootsleim gefüllt werden. In den noch weichen Leim drückt man Mahagoni-Schleifspäne. Nach dem Abbinden kann die Fläche eingeschliffen werden. Der Spalt ist dann nur noch durch einen etwas dunkleren Holzton zu erkennen.

13 Auch wenn mal eine Passung nicht ganz gelingt, kann man auf diese Weise nachbessern. Der Spalt darf aber nicht breiter als einen Millimeter sein.

14 Diese Spaltbreite ist gerade noch mit einer Leim-/Spänemischung auszubessern. Bei größeren Differenzen sollte man lieber die Leiste neu zuschneiden.

15 Nach der Fertigstellung der Tür wird das Scharnierband angeschraubt. Die richtige Lage erhält man, indem man vorn eine Leiste als Anschlag gegenhält. Mit dem Handbohrer wird für jede Schraube vorgebohrt.

16 Die seitliche Lage der Tür muss genau angezeichnet werden, da man nur bei geöffneter Tür anschrauben kann. Zunächst nur zwei Schrauben eindrehen, Tür schließen und kontrollieren, ob der Spalt zwischen Tür und Rahmen rechts und links gleich breit ist.

17 Der Schnäpper wird etwas aus der Mitte versetzt angeschraubt, da man ihn dann besser bei der späteren Benutzung bedienen kann. Er ist so anzubringen, dass der Haken mit der Türkante abschließt.

18 Das Gegenstück des Schnäppers schraubt man auf einen kleinen Holzklotz, der mit Bootsleim von hinten gegen den Rahmen geleimt wird. Die seitliche Lage erhält man durch Ausmessen.

19 Die Tür ist fertig. Die Spalten zwischen Rahmen und Tür sind an allen Seiten gleich groß, die Rahmen sind bündig eingepasst – Tür und Rahmen bilden so eine harmonische Einheit.

Folienverarbeitung:

Schneiden, Kleben, Spannen

Kunststoff-Folien gehören heute schon fast zum Standardmaterial des Bootsausbaues. Wie man mit ihnen fachgerecht umgeht, zeigen wir in diesem Kapitel – ganz ohne klebrige Finger wird's dabei jedoch nicht abgehen.

Decksinnenschalen aus Kunststoff, wie sie meist in der Großserien-Herstellung von Yachten zu finden sind, glänzen in einer ansprechenden Optik. Ist diese Innenschale jedoch nicht vorhanden, müssen die sichtbaren Laminatflächen verkleidet werden.

Hierfür bieten sich Kunststoff-Folien an, die eine abwischbare Oberfläche haben und über eine gute Dehnbarkeit verfügen. Ich habe hier ein Produkt verwendet, das sich als sehr angenehm in der Verarbeitung zeigte. Besonders die hohe Dehnfähigkeit ist hervorzuheben, da die zu beklebenden Flächen eines Schiffes in den seltensten Fällen eben sind.

Dieses so genannte Canast-Kunstleder hat entweder eine dünne Stoffschicht an der Rückseite oder aber noch eine zusätzliche Schaumstoffzwischenlage. Ersteres Material nimmt man für sehr ebene Untergründe, die zweite Ausführung für Flächen mit großen Unebenheiten oder wenn eine zusätzliche Wärmeisolierung erreicht werden muss (bei Voll-Laminaten oder Metallwänden). Glatte Sandwichflächen kann man direkt mit der dünnen Folie bekleben. Farbe und Oberflächenstruktur kann jeder frei wählen, sie haben keinen Einfluss auf die Verarbeitung. Zum Verkleben nimmt man einen lösungsmittelfreien Spezialkleber (Dispersionskleber Typ 1805), der besonders für die Verarbeitung in schlecht belüfteten Räumen geeignet ist. Das Bekleben von großen Flächen sollte man niemals allein machen. Zwei Personen müssen mindestens ans Werk gehen, da sich sonst die mit Kleber eingestrichene Folie nicht genau andrücken lässt, denn die sofortige Passgenauigkeit ist unbedingt anzustreben.

1 Die Innenwand des Kajütaufbaus soll beklebt werden. Dazu werden zunächst die Fensterinnenrahmen abgeschraubt. Danach klebt man einen Streifen aus doppelseitig klebendem Teppichband an die Oberkante der Fensterfront, um den grob zugeschnittenen Folienstreifen anzuheften.

2 Mit einem scharfen Messer oder einer Schere werden nun die Fensterausschnitte entfernt. Die zweite Person drückt dabei die Folie gegen die Kajütwand, damit sie nicht verrutschen kann.

3 Mit einem preiswerten Malerpinsel wird der Leim gleichmäßig aufgetragen. Die Verarbeitungstemperatur sollte nicht unter 15 Grad Celsius betragen, da sonst die Abbindezeit zu lang wird.

4 Große Flächen kann man auch gut mit einer Schaumstoffrolle einstreichen. Es ist darauf zu achten, dass der Leimauftrag gleichmäßig erfolgt und besonders an den Rändern vollständig ist.

5 Im nächsten Schritt wird die Seitenwand mit Leim versehen. Der frisch aus der Dose kommende Kleber ist fast wie dicke Farbe zu verarbeiten, er zieht keine Fäden.

6 Der zunächst fast weiße Leim wird nun nach etwa 10 bis 20 Minuten transparent. Jetzt ist der Zeitpunkt gekommen, wo die

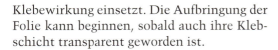

Klebewirkung einsetzt. Die Aufbringung der Folie kann beginnen, sobald auch ihre Klebschicht transparent geworden ist.

7 Beim Zuschnitt angebrachte Passmarken erleichtern ganz erheblich das Aufbringen, denn ein Verschieben der Folie ist nicht möglich. Der erste Sitz sollte daher passen: Man beginnt mit der oberen Kante und streicht die Folie dann nach unten an.

8 Beim Ansetzen der Folie dürfen keine Luftblasen eingeschlossen werden. Sind sie dennoch vorhanden, dann sofort die Blasen seitlich mit der Hand herausstreichen. Flecken des Klebstoffs sind sofort mit Lösungsmitteln des Herstellers zu entfernen. Noch feuchten Kleber kann man mit Wasser beseitigen.

9 Bei großen Konturen in der Oberfläche muss eine kleine Stütze während der vollständigen Abbindephase (über Nacht) die Lage fixieren.

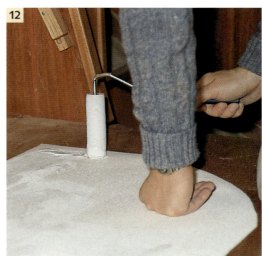

10 Will man die Decksunterseiten verschönern, müssen zunächst sechs Millimeter dicke Sperrholzplatten passgenau zurechtgesägt werden. Nur wasserfestes Sperrholz verwenden, denn auch hier kann es mal nass werden.

11 Die fertige Holzplatte wird jetzt als Schablone auf die Folie gelegt. Achtung: Auf Seitenrichtigkeit achten! Ein etwa fünf Zentimeter breiter Rand wird beim Ausschneiden zugegeben.

12 Zuerst wird die Folie mit Leim versehen. Die Ränder sollte man besonders gleichmäßig einstreichen und etwa 10 bis 20 Minuten liegen lassen.

13 Auf die gleiche Weise wird anschließend die Sperrholzplatte eingestrichen. Die Antrocknung auf dem Holz geht schneller vonstatten, daher immer das Holz zuletzt mit Leim versehen.

FOLIENVERARBEITUNG | 41

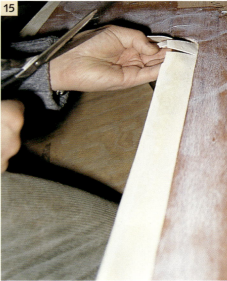

14 So ordentlich soll es einmal aussehen. Wenn Sie den GFK-Untergrund nicht gut geglättet haben oder Falten in der Bespannung haben, können Sie das Bild nicht mehr korrigieren oder kaschieren. Dann lieber gleich noch einmal bekleben, bevor Sie Rahmen und Leisten aufschrauben.

15 Die Radien werden eingeschnitten und auf der Rückseite verklebt. Sollte der Leim noch nicht gleich halten, dann kann man diese Stelle mit Tesakrepp fixieren.

16 Man zieht die kleinen Laschen zunächst senkrecht nach oben, um sie dann auf

die Rückseite der Sperrholzplatte aufzudrücken.

17 Bei Außenradien werden kleine Keile herausgeschnitten, damit es keine Verdopplungen gibt, die dann stark auftragen.

18 Die langen Kanten werden Stück für Stück herumgedrückt und mit dem Handballen angepresst. Auch hierbei muss man darauf achten, dass keine Luft eingeschlossen wird.

19 Mit selbst schneidenden Schrauben wird die fertige Decksverkleidung angeschraubt.

20 Eine Leiste, die an der Rückseite eine Freifräsung hat, wird zum Abschluss über die Kante geschraubt. Auf diese Weise kommen Unebenheiten nicht so stark zur Geltung.

Holz-Eckverbindungen:

Rahmen, Ringe, Radien

Jetzt geht's rund: In diesem Kapitel werden die Rundungen beschrieben, die erst den Unterschied zwischen einfacher Kastenbauweise und anspruchsvollem Bootsbau ausmachen. »Runde Ecken« sind nicht nur schön, sondern auch hautfreundlich und ergonomisch.

Der Holzausbau einer Segelyacht wird in erster Linie durch weiche Rundungen und Radien geprägt. Dies hat nicht nur optische Gründe. Viel entscheidender ist die enorme Festigkeit derartiger Konstruktionsmerkmale und die verringerte Verletzungsgefahr. Stößt man sich bei Seegang beispielsweise an einer fachmännisch gerundeten Tischeinfassung, so wird dies keine unangenehmen Folgen haben.
Generationen von Bootsbauern hatten diese Problematik beim Ausbau stets vor Augen. Es gilt also, alle Ausbauteile wie Handläufe, Tischkanten, Kojenecken, Niedergang, Motorkasten stets mit einem runden Abschluss zu versehen.
Im Holzfachhandel kann man sehr viele Profile und Halbfabrikate in Teak oder Mahagoni bekommen. Es ist nicht ratsam für den Selbstbauer, diese selbst herzustellen, denn die Maßgenauigkeit, auf die es hier besonders ankommt, ist mit Heimwerkermaschinen fast nicht zu erreichen.

Schwierig ist die Auswahl der Holzfarbe. Bei Teak findet man in der Regel geringere Farbabstufungen, sodass hier die Holzkombination weniger problematisch ist. Bei Mahagoni dagegen sollte man versuchen, alle erforderlichen Profile und Leisten in einer Bestellung zu ordern, um sicher zu sein, dass sie aus einem Stamm geschnitten werden. Dies beansprucht zwar mehr planerische Zeit, die man aber durch weniger Wegezeit später leicht wieder einholt. Haben Sie sich für bestimmte Profile entschieden, dann sollte man diese Querschnitte möglichst im ganzen Schiff verwenden, damit die Gesamtoptik stimmt. Eine Mischung hat außerdem den Nachteil, dass Übergänge und Zusammenführungen nicht passen.

1 Der scharfkantige Rand einer halbhohen Schottwand an der Pantry soll eine Abschlussleiste erhalten. Die Profilleiste hat eine Breite von 30 und eine Höhe von 25 Millimeter. Die passende Nut für die Sperrholz-

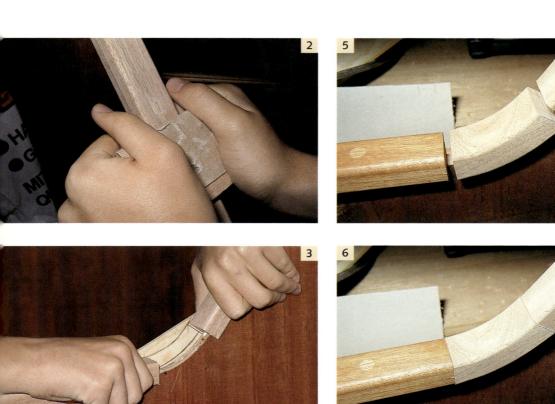

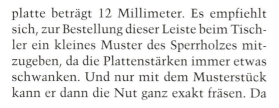

platte beträgt 12 Millimeter. Es empfiehlt sich, zur Bestellung dieser Leiste beim Tischler ein kleines Muster des Sperrholzes mitzugeben, da die Plattenstärken immer etwas schwanken. Und nur mit dem Musterstück kann er dann die Nut ganz exakt fräsen. Da diese Umleimer auch tragende Bauteile sind, ist ein strammer Sitz unbedingt notwendig. Die Leiste wird zunächst auf Länge geschnitten, auf der Abrichtscheibe stirnseitig genau rechtwinklig geschliffen, mit Leim versehen und aufgeschraubt.

2 Die erste Leiste (die waagerechte) wird verschraubt und verpfropft. Anschließend verschleift man die Pfropfen sauber.

3 Die Leiste der Schrägung wird ebenfalls genau auf Länge geschnitten, aber noch nicht verschraubt, da erst das Winkelstück hergestellt werden muss. Wenn beide Leisten fixiert sind, hält man einen kleinen Sperrholzrest hinter die Leisten, um mit einem sehr spitzen Bleistift die Maße und Konturen auf die Schablone zu übertragen.

4 Nach dieser Holzschablone kann der Tischler das Zwischenstück fräsen. Wer das passende Werkzeug hat, der kann natürlich diese Präzisionsarbeit auch selbst machen.

5 Das vorgefertigte Winkelstück wird aufgesetzt, und die Anschlussleisten werden dagegen geschoben.

6 Beim Zusammenschieben darauf achten, dass die Flächen stirnseitig gut anliegen (gegebenenfalls nachschleifen, aber nicht die Kanten dabei runden!).

7 Das Winkelstück wird mit Leim versehen, verschraubt und verpfropft. Die Übergangskanten vom Winkelstück zu den Leisten werden bündig geschliffen. Anschließend grundiert man das Bauteil mit verdünntem Lack (20:80). Erst dann wird die Passgenauigkeit sichtbar. Nach dieser Grundierung beginnen der Feinschliff und die mehrfache Endlackierung mit unverdünntem Lack.

8 Ein sehr gelungenes Formteil, das allerdings nur mit Maschinen hergestellt werden kann. Derartige Übergänge sollte der Selbstbauer meiden, es sei denn, er lässt sich diese Teile auf der Werft vorfertigen.

9 Enge Radien, wie hier im Bild, muss man entweder aus dem Vollen arbeiten (sehr aufwändig) oder per Laminat herstellen, indem man mehrere Schichten Furnier über einer Form mit Epoxy unter Druck verklebt und anschließend Oberflächen bearbeitet.

10 So einfach kann man es auch machen. Achten Sie darauf, dass der Schnitt genau als Winkel halbierend verläuft, sonst erhalten Sie ungleich lange Stoßkanten an den Leisten – und dann passt nichts zusammen.

11 Schön gedacht – aber schlecht gemacht. Wenn Sie Abschlussleisten anbringen, dann dürfen sich keine Fugen zeigen. Oder man macht eine sehr breite, aber gleichmäßige Schattenfuge, wenn man sich an genaue Passarbeit nicht herantrauen will.

12 Große Radien aus Massivholz, wie hier der Türbogen, sind sehr attraktiv und relativ leicht herzustellen. Zunächst eine Schablone aus Sperrholz anpassen und dann das Original aus beidseitig gehobeltem Massivmaterial sägen. Mit der Raspel die Kanten brechen und dann grob-/feinschleifen.

13 Ein perfekter Türausschnitt, fachmännisch verschraubt und verpfropft. Auch gut zu erkennen: Die Deckenstruktur verläuft bis ins Vorschiff, ein wichtiges optisches Detail. Die Linien dürfen nicht unterbrochen sein, sonst hat man einen »Knick« in der Decke.

14 Das Rüsteisen soll eine Verkleidung erhalten. Hier sind die später noch sichtbaren Ecken des Profils ebenfalls mit einem Radius versehen. Dieses Profil wird gegen das Rahmenschott geschraubt. Die seitlichen Sperr-

HOLZ-ECKVERBINDUNGEN | 47

holzstreifen nehmen später die Abdeckplatten auf.

15 Eine Schablone aus dünnem, minderwertigem Sperrholz wird zunächst angefertigt und eingepasst.

16 Das exakt zugeschnittene Seitenteil wird vorn an der Profilleiste und in der Mitte verschraubt. Zum besseren Halt werden die Auflageflächen vorher mit wasserfestem Leim versehen.

17 So soll's mal aussehen. Nach der ersten Lackierung zeigt sich, ob Farben und Formen zusammenpassen. Man sieht, dass die Verkleidung auch ein Stilelement sein kann, wenn man die restlichen Einbauten danach ausrichtet. Daher immer erst die Rüsteisen verkleiden und dann den Rest danach anpassen – niemals umgekehrt vorgehen.

Holz-Wandverkleidungen:

Innenschale, Zwischenschale, Wegerung

Die Verkleidung der Innenwände einer Segelyacht soll in erster Linie Dekoration sein. Isolation, Schwitzwasser, Luftdurchsatz und Schallschutz bereiten jedoch Probleme, die man bei der Planung nicht außer Acht lassen darf.

Am einfachsten lässt sich die Innenverkleidung ausführen, wenn der Rumpf der Yacht in Sandwichbauweise hergestellt worden ist. Dann ist die nötige Isolierschicht, eine Zwischenlage aus Schaum oder Balsaholz, bereits vorhanden, und man kann direkt mit dem Aufschrauben der Wegerungsleisten beginnen. Anders verhält es sich bei Massivlaminat. Hier müssen erst einmal die Leisten der Unterbaukonstruktion aufgebracht werden. Man nimmt dazu am besten Streifen aus sechs bis acht Millimeter dickem Sperrholz (je nach Krümmung der Außenhaut). Diese zirka acht Zentimeter breiten Streifen werden mit Epoxidkleber auf die Innenhaut geklebt. Zum Andrücken nimmt man auf Länge geschnittene Leisten, die an der gegenüberliegenden Seite des Rumpfes abgestützt werden. Dieses Andrücken muss sehr sorgfältig geschehen, da sonst die Sperrholzstreifen nicht gleichmäßig an der Bordwand aufliegen. Mindestens zwei Lagen Sperrholz sollten so übereinander verklebt werden, dass man mindestens zwölf Millimeter Schraubtiefe erhält. Die Schraubenspitze darf auf keinen Fall beim Anschrauben durch die Sperrholzstreifen dringen, da sie sonst die Leisten von der GFK-Oberfläche abdrücken würden. Handelt es sich um einen Metallrumpf, dann werden die Leisten des Unterbaus an vorher angeschweißte Laschen geschraubt oder bei entsprechenden Konstruktionen direkt auf die Innenflansche der Stringer und Spanten. Der Rumpf einer GFK-Sandwichyacht ist, wie schon eingangs erwähnt, gegen Temperaturunterschiede und Schall isoliert, sodass Schwitzwasser so gut wie nicht auftreten kann.

Bei einem Massivlaminat dagegen und ganz besonders bei Metallrümpfen muss zwischen Rumpf und Wegerung eine Isolierschicht eingebracht werden. Bewährt haben sich hier Platten aus Mineralwolle sowie aufgespritzter Hartschaum. Der Fachhandel hält hierfür verschiedene Produkte bereit.

Wichtig ist bei jeder Verkleidung, dass sich kein Schwitzwasser zwischen lsolierschicht und Innenhaut bilden kann. Man muss also auf eine direkte Verbindung der lsolierschicht mit dem Rumpf achten. In dem hier gezeigten Beispiel handelt es sich um eine GFK-Sandwichkonstruktion mit Balsaholzkern. Die Innenhaut aus GFK ist etwa vier Millimeter dick, also kräftig genug, um die Verschraubung tragen zu können.

Bevor Sie mit der Verschraubung beginnen, machen Sie eine Probe, ob der Bohrer- und der Schraubendurchmesser genau zueinander passen. Als Regel gilt: Für eine 3-Millimeter-Bohrung kommt eine 3,5-Millimeter-Blechschraube aus rostfreiem Stahl mit Kreuzschlitz in Frage.

HOLZ-WANDVERKLEIDUNGEN | 49

1 Mit einem Filzstift werden die Stellen markiert, an denen die Unterbauleisten aufgeschraubt werden sollen. Diese Markierungen sollten aus optischen Gründen genau lotrecht verlaufen, weil ja später die Schraubenreihe auch hier senkrecht verläuft. Mit einem kleinen Lotfaden und Lotgewicht lässt sich die Linie am leichtesten finden, da man hier mit einer Wasserwaage oder einem Winkel nichts anfangen kann.

2 Man beginnt mit der Verschraubung in der Mitte, da sich so die Leiste gut anschmiegen kann. Erst dann folgen die Befestigungsschrauben oben und unten.

3 Bei einer zirka zwei Meter langen Koje genügen drei senkrechte Leisten im gleichmäßigen Abstand.

4 Danach folgt dann das Anschrauben der Leisten von *unten nach oben* – aus zwei Gründen: Erstens ist durch die Kojenkante schon die waagerechte Lage gegeben, und zweitens kann man die Leiste von oben besser gegen die untere Leiste drücken. Da bei dieser Arbeit ständig zwischen Bohrmaschine, Senker und Bohrschrauber gewechselt werden muss, empfiehlt es sich, diese Arbeit zu zweit zu machen – einer reicht das Werkzeug, der andere montiert. Und noch ein ganz

wichtiger Hinweis: Beim Bohren *immer* durch die innere Laminatschicht bohren; passt man nicht auf, dann entsteht leicht ein Loch in der Außenhaut.

5 Die letzten Leisten unter Deck sind am schwierigsten anzubringen, da sie erstens konisch sind und zweitens angepasst werden müssen – zum Beispiel an Beschläge, Schrauben und so weiter. Hinter diesen letzten Leisten kann man auch gut elektrische Leitungen und Schläuche verstecken.

6 Wegerungen und Schränke: Man kann die Wegerungen durchlaufen lassen und später den Schrank oder das Ablagefach einbauen. Die hier gezeigte Methode hat den Vorteil, dass die Innenverkleidung der Schränke dann schon fertig ist.

HOLZ-WANDVERKLEIDUNGEN | 51

7 Die fertig montierte und vorlackierte Wegerung in der Achterschiffskoje: Nach dieser Arbeit folgt die Deckenverkleidung mit Anschluss an die Wegerung.

8 Auch bei diesem Kleiderschrank ist die Wegerung an der Rückseite durchgeführt. Ein späterer Wegerungseinbau ist in diesen engen Schränken nur schwer möglich.

9 Kurze Wegerungen im Salon: Zunächst wird mit der Wasserwaage ausgerichtet und dann die genaue Lage angezeichnet.

10 Auf die genauen Längen kommt es an, denn die Abdeckleisten, die später darüber kommen, gleichen nur geringe Maßtoleranzen aus.

11 Die fertige Wegerung – Holzmaserungen und Farbton stimmen. Etwa drei bis vier Lackierungen sollte man schon auftragen, um eine glatte Oberfläche zu erhalten. Ich habe hier einen größeren Bildausschnitt gewählt, um zu zeigen, wie sich die Wegerung in das Gesamtbild einfügt.

Druckwasser:

Zulauf, Durchlauf, Ablauf

Zum Mindestkomfort einer Segelyacht gehört eine Frischwasseranlage mit Tank, elektrischer Pumpe, Druckspeicher und je einer Zapfstelle in Pantry und WC-Raum. Wir zeigen hier den Einbau dieses Zubehörs.

Eine Druckwasseranlage an Bord, als Teil eines Gesamtsystems, kann man sehr unterschiedlich auslegen – je nach den Anforderungen des Eigners. Als einfachste und preiswerteste Lösung wäre ein flexibler Wassersack, der mit einer mechanischen Fußpumpe verbunden wird, zu nennen. Bei der täglichen Benutzung bringt diese Wasserversorgung jedoch erhebliche Unannehmlichkeiten mit sich. So sind Wassersäcke recht anfällig, und es kann durch scharfe Kanten oder hoch stehende Glasfasern schnell einmal zu einem Leck kommen. Die Handhabung einer mechanischen Handpumpe ist nicht gerade komfortabel, weil kein gleichmäßig laufender Wasserstrahl zu erreichen ist. Fazit: Bei Daysailern mag diese Einfachlösung ausreichen, auf einer komfortablen Segelyacht aber nicht.

Als praktikabel haben sich feste Tanks erwiesen, die entweder – sehr nobel (und teuer) – aus rostfreiem Stahl oder aus schlagfestem PVC hergestellt werden. Wichtig bei beiden Ausführungen ist, dass sie an der Oberseite einen Inspektionsdeckel haben.

Den Einbauort des Tanks sollte man möglichst mittschiffs einrichten, denn Wasser bringt Gewicht ins Schiff – einhundert Liter sind nun mal einhundert Kilopond (oder etwa 100 Dekanewton).

All zu große Tanks haben sich im Normalbetrieb nicht bewährt, da der Wasserumsatz von Wochenende zu Wochenende zu langsam geschieht. Wenn Sie dennoch sehr viel

Wasser bunkern wollen, dann sind zwei mittlere Container besser als ein großer, die Sie dann je nach Bedarf befüllen und separat über Ventile an das Leitungsnetz anschließen können.

Die Wasserentnahme erfolgt durch elektrisch betriebene Wasserpumpen. Achten Sie beim Kauf der Pumpen auf zwei Dinge: eine ausreichende Fördermenge und geringe Geräuschentwicklung. Es gibt Pumpen, die man nachts kaum benutzen kann, da dann die gesamte Crew geweckt wird. Zwischen Pumpe und Wasserhahn sollte man noch einen Druckspeicher setzen. Er hat zwei wichtige Aufgaben: Erstens springt der Druckschalter der Pumpe nicht andauernd kurzfristig an, obwohl kein Wasser entnommen wird, und zweitens wird beim Auf- und Zudrehen der Wasserleitung der Pumpenlauf nicht so abrupt gestartet beziehungsweise gestoppt. Der Druckspeicher wirkt also als kleiner »Stoßdämpfer«. Bei Platzierung des Zulaufventils an Deck suchen Sie sich einen Platz, der weit weg vom Treibstoffeinfüllstutzen liegt, um beim Befüllen Verwechslungen zu unterbinden – wir sprechen aus Erfahrung!

1 Die Einzelteile oben: Inspektionsdeckel, Einlaufstutzen, Entlüftungsstutzen am Tank und Entlüftungsstutzen nach außenbords. Den Entlüftungsstutzen kann man direkt nach außen legen (etwa in Deckshöhe). Bei Yachten mit richtiger Bilge ist es jedoch vorteilhafter, den Schlauch als Schwanenhals zu verlegen und die Öffnung in Bilgenähe enden zu lassen. Man hat dann ein Loch weniger in der Außenhaut.

2 Mit einer elektrischen Stichsäge wird das Loch für den Inspektionsdeckel geschnitten und der weiße Deckelrand mit selbst schneidenden Schrauben festgeschraubt. Entweder eine feste Dichtung oder aber Silikon zur Abdichtung verwenden, denn bei Lage kann das Wasser auch gegen den Deckel drücken.

3 Die kleineren Bohrungen werden mit dem Lochschneider geschnitten. Beim Bohren nur mit geringem Vorschub arbeiten, damit das PVC nicht zu heiß wird und schmilzt.

4 Nachdem die Anschlussstutzen durch die Inspektionsöffnung von innen eingesetzt worden sind, werden daran die gewebearmierten Schläuche mit Schlauchschellen aus rostfreiem Stahl befestigt. Stutzen und Schlauchdurchmesser müssen genau zueinander passen.

5 Achten Sie beim Kauf eines Spülbeckens darauf, dass es auch einen Wasserüberlauf hat. Andernfalls kann es leicht mal eine Überschwemmung geben.

6 Die Zusammenführung der Abläufe geschieht durch PVC-Rohre, die mit einer

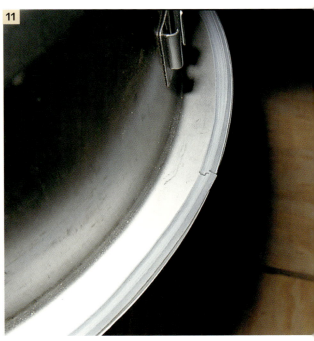

scharfen Handsäge auf die richtige Länge geschnitten werden können. Dort, wo keine Schläuche oder Rohre angeschraubt werden, verschließt man die Stutzen mit Dichtungsscheiben.

7 Als Verbindungsstück zum Ablauf schraubt man einen Schlauchstutzen auf. Es gibt sie in verschiedenen Durchmessern – je dicker, desto besser.

8 Mit diesen Spannschrauben werden die Waschbecken von unten gegen die Tischplatten gedrückt. Achten Sie bei der Planung der Waschtische darauf, dass genügend Spielraum für die Hand bleibt, um diese Spannelemente anziehen zu können.

9 Der Wasserhahn aus dem Baumarkt: Er ist preiswert, stabil und funktionssicher. Als Anschlussstück für den Zulauf wird einfach ein Gartenschlauch-Stutzen genommen.

10 Das Seeventil für den Ablauf muss gut erreichbar sein und sollte möglichst direkt unter der Spüle liegen. Jede Schlauchkrümmung verlangsamt den Wasserablauf.

11 Der Rand des Stahlbeckens erhält vor der Montage noch einen Moosgummiring. Dieser aufgeklebte Ring verhindert, dass Wasser zwischen Beckenrand und Tischplatte laufen kann. Außerdem zerstört der scharfe Rand dann nicht die Tischlackierung.

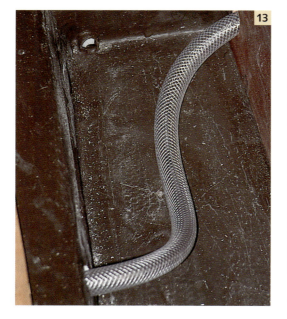

12 Auch der Wasserhahn erhält einen Gummidichtring am Anlageflansch. Er sitzt damit besser, und der Lack hält an der Auflagestelle erheblich länger.

13 Die Schläuche unter Deck immer in weichen Bögen verlegen und die Durchbrüche im GFK groß genug und ohne scharfe Kanten herstellen.

14 Die Gesamtanlage unter einer Koje. In Reihenfolge – Tank, Pumpe und Druckspeicher. Die elektrischen Leitungen immer so hoch anbringen, dass eventuell ausströmendes Wasser nicht an die Strom führenden Leitungen gelangen kann.

15 Der Druckspeicher wird einfach an die Schottwand geschraubt. An der Unterseite befinden sich der Einlauf- und der Ablaufstutzen.

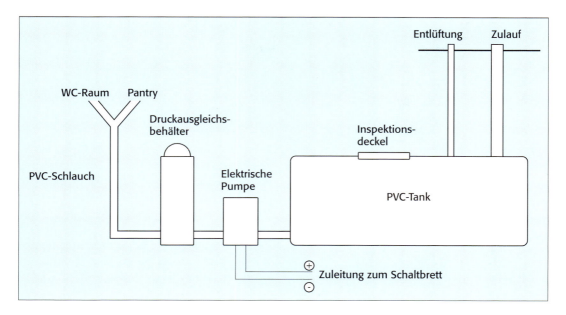

Das System der Wasserversorgung

Die Skizze zeigt schematisch die Zuordnung der einzelnen Aggregate der Frischwasserversorgung auf einer Yacht.

Rechts im Bild der Tank, den ich in meinem Falle aus PVC gekauft habe. Man kann natürlich auch einen Tank aus rostfreiem Stahl wählen, der aber erheblich teurer ist. Tanks aus so genannten Schläuchen, also weiche Tanks, halte ich für den Dauereinsatz auf Yachten für weniger geeignet. Der Tank hat von Deck aus einen Zulauf und eine Entlüftungsleitung. Beide Leitungen werden so geplant, dass sie später von Schrankausbauten verdeckt sind. Die Entlüftungsleitung endet in der Regel an einem kleinen Endstück in Höhe der Scheuerleiste an der Außenhaut. Wenn man einen derartigen Stutzen in der Außenhaut nicht haben will, dann kann man den Schlauch in einem Bogen in die Bilge führen, in die dann notfalls das überschüssige Wasser beim Befüllen abfließen kann. Man sollte immer einen Tank wählen, der einen Inspektionsdeckel oben hat, damit man den Tank von Zeit zu Zeit säubern kann. Unten am Tank wird der Wasserentnahmeschlauch angeschlossen, der dann unmittelbar zur elektrischen Pumpe führt. Von dort führt der Schlauch weiter zum Druckausgleichsbehälter und dann schließlich weiter zu den einzelnen Zapfstellen. Es ist unerheblich, wie viele Zapfstellen folgen. Man muss dann nur dementsprechend viele Verteilerstücke nachschauen.

Navigation:

Kartentisch und Geräteschrank

Das Herzstück einer Segelyacht ist und bleibt der Navigationsplatz. Hier laufen alle Stränge der Energieversorgung zusammen, hier wird der Kurs bestimmt. Eine sorgfältige Planung dieser Zentrale ist daher unumgänglich.

1 Man beginnt mit der Auflagenleiste des Tisches, die – genau waagerecht – an der Schottwand befestigt wird (leimen und schrauben). Bei der Anpassung sollten Sie sehr genau vorgehen, da sich alle folgenden Anschlussmaße nach dieser Leiste richten. Die Tischhöhe ist mit zirka 70 Zentimetern am günstigsten.

2 Der Tischboden wird an dieser Leiste befestigt, die gefräste Leiste für die Eckverbindung auf Länge geschnitten und die Frontplatte zurechtgesägt. Alle Kanten müssen sauber abgerichtet sein.

3 Die Frontplatte, die Eckverbindung und die Seitenplatte werden mit der Grundplatte verleimt und verschraubt.

Wenn auch die Navigation dank modernster Elektronik immer einfacher und genauer wird – auf einen Kartentisch und einen festen Navigationsschrank möchte ich an Bord nicht verzichten. Der Navigationsplatz ist ja nicht nur ein Kartentisch, sondern hier lau-

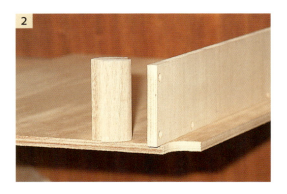

fen alle Stromversorgungskabel, Antennen und Steuerleitungen zusammen. Hier müssen Navigationsinstrumente, Sprechfunkgeräte, Wetterinstrumente und Schalttafeln untergebracht werden.

Bevor man also mit den Arbeiten an Bord beginnt, sollte sich jeder Eigner eine Liste zusammenstellen, auf der alle erforderlichen Geräte verzeichnet sind. Für *jedes* Gerät wird dann auf einer Skizze der Platzbedarf festgelegt (die genauen Maßangaben finden Sie in den Prospekten). Außerdem muss die Anzahl der Schaltkreise festgelegt werden. Eine Schalttafel mit sechs Schalt- und Sicherungsplätzen stellt das absolute Minimum dar. Bei einer Zehn-Meter-Yacht sind zwölf Schaltkreise eigentlich die Norm, und auch dann muss man einige Sicherungen mehrfach belegen. Gehen Sie hier nach dem Motto vor: Lieber eine etwas größere Kapazität einplanen, denn im Laufe der Jahre kommen immer neue Navigationsgeräte hinzu. Auch an die Unterbringung der Unterhaltungselektronik ist zu denken, die auch von hier mit Strom versorgt werden will.

Die Tischgröße richtet sich nach dem zu verwendenden Kartenmaterial. Für die Sportbootkarten rechnet man einen Tisch mit den Maßen 70 mal 50 Zentimeter. Auf dieser Fläche ist dann auch eine »geviertelte« Seekarte der Berufsschifffahrt unterzubringen. Kleinere Kartentische sollte man nach Möglichkeit nicht planen. Und wer viel Platz zur Verfügung hat, der sollte das Maß 100 mal 80 Zentimeter anstreben.

4 Die Verschraubungen werden verpfropft und vorgeschliffen. Auch die Eckverbindung vorschleifen und die Kanten mit Schleifpapier brechen.

5 Das Seitenteil der Tischplatte wird angeleimt und mit einer Profilleiste abgeschlossen. Die Eckverbindung auf Gehrung schneiden.

6 Das Gegenstück der Eckverbindung wird ebenfalls angeleimt und verschraubt. Die Schraubenlänge sollte etwa 35 Millimeter betragen. Da an diesen Stellen nicht mit Feuchtigkeit zu rechnen ist, kann man auch Schrauben verwenden, die lediglich verzinkt oder kadmiert sind.

7 Beim Einschleifen der Ecke zunächst nur den Radius anzeichnen und abtragen. Erst im zweiten Arbeitsgang die Kanten brechen und einrunden.

8 Wenn die Klappe des Tisches fertig gestellt wird, achten Sie darauf, dass der Spalt zwischen festem und beweglichem Teil parallel verläuft – er sollte etwa einen Millimeter breit sein, da noch mit dem Lackauftrag zu rechnen ist.

9 Die Scharniere werden mit dem Rahmen verschraubt, der später an der Rückfront des Kartenfaches eingeleimt wird. So ist die Scharnierbefestigung wesentlich einfacher als später im eingebauten Zustand.

10 Das Rahmenteil wird mit der Schottwand verschraubt und verleimt. Achten Sie dabei darauf, dass die Tischklappe vorn und seitlich genau passt, da später keine Korrekturen mehr vorgenommen werden können.

11 Mit einem Sperrholzstreifen wird das Kartenfach an der Rückseite abgeschlossen. An diesem Streifen befestigt man dann die Frontplatte des Navigationsschranks.

12 Bevor die Frontplatte befestigt wird, müssen das Bücherbord und die Trennwand eingebaut werden. An diese Bauteile kommt man später kaum noch heran, sie sollten daher schon vorlackiert, geschliffen und endlackiert sein.

13 Die Frontplatte des Geräteschrankes wird zunächst nur grob vorgeschnitten und angepasst. Die verbleibenden Stege neben den Ausschnitten sollten aus optischen Gründen etwa gleich breit sein.

14 In gleicher Weise wird die Platte für den Unterschrank vorgefertigt. Diese Platte muss ausreichend weit nach hinten gesetzt werden, damit genügend Freiraum für die Knie verbleibt.

15 Die Klappe, die später die Instrumente aufnimmt, erhält an der Unterseite eine Verstärkungsleiste und ein Klavierband.

16 An der Oberseite wird das Schloss von der Innenseite gegengeschraubt. Ein Schloss ist hier besser als ein einfacher Schnäpper, da die später eingebauten Geräte ein nicht zu unterschätzendes Gewicht haben.

17 Bevor das Scharnierband der Klappe am Rahmen eingeschraubt wird, sollte man die Durchbrüche für die Instrumente heraussägen und die Geräte grob einpassen.

18 Die Holzarbeit ist jetzt fertig gestellt, und die Vorderfront kann am Rahmen eingeschlossen werden. Vor dem endgültigen Einbau ist es ratsam, die Frontplatte mit verdünntem Lack zu grundieren und zu schleifen.

19 Wenn die Lackierung abgeschlossen ist, kann mit der endgültigen Montage der Geräte begonnen werden. Jetzt zeigt sich der Vorteil des Scharnierbandes an der Klappe: Vorder- und Rückseiten der Geräte sind gleichermaßen gut zu erreichen.

NAVIGATION | 63

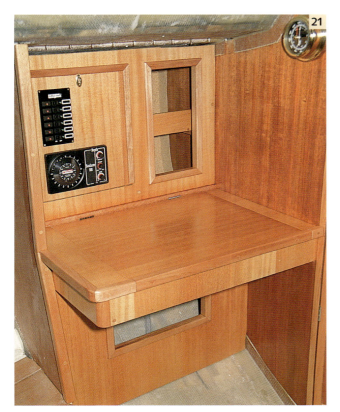

20 Die Minusleitung wird mit einer Brücke verbunden, bevor man sie mit dem Schaltbrett verdrahtet. Die Plusleitungen werden direkt per Steckverbindung am Schalter angeschlossen.

21 Der fast fertige Navigatorplatz. Das untere Staufach muss nicht unbedingt eine Klappe erhalten, da man es lediglich im unteren Bereich einsehen und nutzen kann.

22 Ein Autoradio mit Kassettenteil kann auch unter dem Kartentisch angebracht werden, wenn der Platz oben schon durch Navigationsgeräte verplant ist.

23 Die Frontplatte des Radios darf nicht vorstehen, sondern sollte hinter der Tischplattenkante zurückbleiben, da sonst die Bedienknöpfe leicht abgestoßen werden können.

Pantryausbau:

Stauen, Kochen, Backen

Die Pantry ist Dreh- und Angelpunkt auf jeder Fahrtenyacht. Wer hier an Platz und Aufwand spart, der wird es später mit Sicherheit bereuen. Arbeitsflächen, Gerätschaften und Stauräume müssen mit der Anzahl der Crewmitglieder, die überwiegend an Bord sind, in Einklang stehen.

Regattasegler werden sich um eine praxisgerechte Pantry wenig Gedanken machen. Ihnen genügen eine kleine Wasserzapfstelle mit Ablauf sowie ein einfacher Kocher. Der Smut aber, der eine vier- oder mehrköpfige Crew zu beköstigen hat, steht bis zu dreimal täglich an diesem »Arbeitsplatz«. Wenn sich dann ständig Mängel zeigen, wird das Kochen zur Tortur.

Zur Mindestausstattung einer 10-Meter-Yacht gehören folgende Einheiten: Doppelspüle, Gasherd mit Backofen, Druckwasser mit Schwenkhahn, Kühlschrank oder Eisfach und natürlich viel Stauraum, der sich in erster Linie nach der Crewgröße richtet.

Ich habe bei meiner Planung einige Dinge nicht nach der üblichen Norm ausgeführt, sondern bin einmal andere Wege gegangen, die sich inzwischen bei uns in der Praxis als richtig erwiesen haben. So liegt die Arbeitsfläche der Pantry erheblich höher als üblich. Dies hat zwei Vorteile: Zum einen kann man in aufrechter Haltung arbeiten und braucht sich nicht über die Spüle zu beugen, zum anderen kann man unter der Doppelspüle noch einen handelsüblichen Kühlschrank (Engel) unterbringen. Üblicherweise sind Pantry-Arbeitsflächen etwa 85 Zentimeter hoch, ich habe sie auf einen Meter erhöht. Dadurch kann ein Kühlschrank mit Tür eingebaut werden, der viel praktischer ist als ein von oben zugängliches Kühlfach, weil hier immer etwas auf dem Deckel liegt. Außer-

dem ist in einem Schrank leichter Ordnung zu halten als in einer Kühlbox. Den Nachteil eines Schrankes, der bei jedem Öffnen einen geringen Kühlverlust hat, nehme ich in Kauf. Er ist in der Praxis kaum von Bedeutung.

1 Die Säule der Pantry: Sie gibt nicht nur der Crew Halt, sondern sorgt auch für den guten Stand der Schottwand in Schiffsmitte. Die zunächst maschinell gefräste Nut in der Säule wird mit dem Stecheisen senkrecht am oberen Ende freigearbeitet.

2 Die Säule muss in beide Schiffsrichtungen – längs und quer – genau ausgerichtet werden. Spätere Korrekturen sind hier nicht mehr möglich. Dieser Baufehler würde dann immer auffallen.

Auch bei der Gestaltung der Kocherumbauung habe ich nicht die üblichen Maße verwandt, denn bei fast allen Serienschiffen ist der Herd so eingebaut, dass er bei Krängung zwar noch gut schwingen kann, die Sauberhaltung aber in den hinteren Bereichen so gut wie unmöglich ist. Fällt einmal etwas zwischen Kocher und Schrank, dann ist es meistens sehr mühsam, die Dinge wieder hervorzuholen. Meine Devise daher: Man sollte viel Platz rund um den Kocher lassen, auch wenn dadurch der Stauraum etwas verkleinert wird. Bei sinnvoller, durchdachter Aufteilung

bringt man auch in einem knappen Pantry-Stauraum alle notwendigen Details unter. Der Platz für Geschirr und Besteck über dem Kocher sollte also gleich die passenden Halter und Fächer bekommen. Daher erst das Geschirr kaufen und dann die Halter bauen, damit alles wie angegossen und auch bei Seegang an Ort und Stelle bleibt. Die Schiebetüren für das wichtigste obere Staufach habe ich aus Klarsicht-Plexiglas hergestellt. Man hat so mehr Licht im Schrank, und die richtige Marmeladendose ist einfacher zu finden. Die Lackierung der Arbeitsfläche muss vor Einbau von Spülen und Armaturen erfolgen, und aufgrund der hohen mechanischen Beanspruchung sollten es schon fünf bis sechs Anstriche sein (immer mit Zwischenschliff!).

3 Anschließend wird der kleine Sperrholzrahmen mit vier Schrauben (etwa 4 Millimeter Durchmesser) in das Sandwichdeck geschraubt. Jedoch die Holzteile noch nicht verkleben, da die Säule vor der Deckenmontage noch einmal abgeschraubt werden muss. Erst bei der Endmontage verleimen und die Schraubenbohrungen mit Pfropfen versehen.

4 Die Seitenteile, die Deckplatte und die Frontplatte erhalten die notwendigen Ausschnitte und werden verschraubt und verleimt. Bei diesen Arbeiten auf exakte Rechtwinkligkeit achten.

5 Auf einem ebenen Untergrund werden die Scharnierbänder angeschraubt. Dadurch erhält man die richtige Lage des Scharniers zur Vorderkante.

6 Die fast fertige, vorlackierte Tür wird am Rahmen angeschraubt – eine etwas schwierige Angelegenheit. Wichtig ist hierbei ein passender, kurzer Schraubendreher, damit man genau in Schraubenfluchtlinie schrauben kann.

7 Der Einbau des Kühlschrankes ist relativ einfach: Der dunkle Metallflansch wird gegen die Frontplatte geschraubt. Bei einer großen Holzfrontplatte sollte man die Innenseite mit Vierkantleisten verstärken, damit sie nicht durchbiegen kann.

8 Die Abschlussleiste der Arbeitsplatte wird auf ganzer Länge durchbohrt, damit die Warmluft des Kühlschrankes nach oben abfließen kann. Die große Bohrung (links) ist für den Wasserhahn.

9 Den Beschlag für den Kocher habe ich nicht direkt an die Schottwand geschraubt, sondern an einer Säule befestigt, mit deren Hilfe ein Abstand zwischen Kocherseitenwand und Schottwand erreicht wird.

10 Diese Leiste mit Bohrung verhindert das freie Schwingen des Kochers bei Lage. Die »Halteschraube« wird später durch einen kleinen Bolzen mit Griff ersetzt.

PANTRYAUSBAU | 67

11 Die Brennerebene sollte in etwa so hoch liegen wie die Pantry-Arbeitsfläche. Dies ist besonders wichtig, wenn der Herd mit sehr geringem seitlichem Spiel eingebaut wird (Verbrennungsgefahr).

12 Anstelle des Scharnierbandes kann man auch zwei Einzelscharniere für die untere Stauraumklappe verwenden. Die Montage ist allerdings schwieriger, da man die Rahmenleiste frei arbeiten muss.

13 Die Rahmenleisten, die hier noch sehr unterschiedlich in der Farbe sind, werden schon nach einer Saison durch UV-Einwirkung fast den gleichen Farbton annehmen.

14 Wichtig in diesem Arbeitsbereich ist eine ausreichende Beleuchtung. Moderne Leuchtstofflampen nehmen nur etwa 7 Watt auf und haben die Helligkeit einer herkömmlichen 25-Watt-Glühlampe.

15 Die Schiebetüren aus Plexiglas kann man maßgenau im Fachhandel bestellen oder mit einer feinen Stichsäge selbst zusägen. Die Bohrung für das Fingerloch sehr vorsichtig bohren – auf einer glatten Unterlage mit wenig Vorschub und langsamer Drehzahl. Die Schnittkanten später mit Schleifpapier brechen.

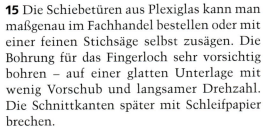

16 Ein Tassenhalter im Rohbau: Mit dem Topfschneider wird die große Bohrung ausgeführt; daneben die kleine Bohrung für den Tassenhenkel. Mit einer kleinen Säge entfernt man dann den Steg zwischen den Bohrungen.

17 Eine Vierkantleiste verbindet das Unterteil mit dem Oberteil (schrauben und leimen). Anschließend werden die Kanten gerundet und der Halter lackiert.

18 Die erste Version: unten die Teller, oben die Tassen. Die Lösung ist machbar, aber platzvergeudend.

19 Da man die Tassen sehr häufig benutzt, entschied ich mich für die Anbringung an der Schottwand oberhalb der Arbeitsfläche.

20 Ein langes, durchgehendes Bord nutzt den Raum besser aus (für Gläser und Dosen). Links unten die Kästen für das Besteck. Die Rückseite lässt sich mit Korkplatten ohne Schwierigkeiten verkleiden. Ein ein- bis zweifacher Anstrich mit Klarlack macht die Rückwand waschfest.

21 Die Türfront des Kühlschrankes ist mit einer drei Millimeter dicken Sperrholzplatte beklebt worden, damit der farbliche Gesamteindruck stimmt. Die Seitenteile der Pantry sind dreifach, die Arbeitsflächen fünffach lackiert.

70 | STAUEN, KOCHEN, BACKEN

Die fertige Pantry: Den zentralen Raum nimmt der dreiflammige Herd mit Backröhre ein. Ich habe ihn nicht, wie von der Werft vorgeschlagen, sehr eng eingebaut, sondern links und rechts viel Platz gelassen – nur so kann man meiner Meinung nach vernünftig den Platz sauber halten (auch wenn dadurch ein wenig an Stauraum verloren geht).

Unter dem Herd befindet sich das Schapp für Töpfe und Pfannen. Im Bord über dem Herd ist Stauraum für Teller, Tassen, Bestecke und Gewürze. Durch die Klarsichttüren ist der Innenraum gut einzusehen (Schiebetüren versperren sonst immer eine Hälfte, wenn sie aus Holz gefertigt sind). Die Pantry-Arbeitsfläche ist so hoch gelegt, dass man noch einen Eisschrank unter den Waschbecken installieren kann. Außerdem ist das Arbeiten in dieser Tischhöhe (100 bis 105 cm) sehr viel angenehmer, weil man sich nicht bücken muss. Solide Handläufe sorgen gegebenenfalls für festen Halt. Neben dem Eisschrank

befindet sich das Fach für den Mülleimer. Hinter dieser Klappe ist auch das Seeventil erreichbar.

Der Fußboden besteht aus vorgefertigtem Stabsperrholz, das nach dem Verlegen viermal lackiert wurde.

Salongestaltung:

Schapps, Kojen und Tisch

Im Salon haben zwei Forderungen Priorität: Gemütlichkeit und Bequemlichkeit – hier soll man sich auch dann noch wohl fühlen, wenn das Wetter zu längeren Pausen im Hafen zwingt. Warmes Holz, angepasste Farben und weiche Radien schaffen die richtige Atmosphäre.

Holz im Salon – das ist nicht nur etwas fürs gute Aussehen. Holz bedeutet auch Schallisolierung und Schallbrechung, vorteilhafte Temperaturisolierung und gutes Raumklima. Holz ist in der Lage, Feuchtigkeit aus der Luft aufzunehmen, eine Tatsache, die besonders in der kalten Jahreszeit wichtig ist. In Yachten mit Holzausbau wird man nur selten Schwitzwasser finden. Kunststoffe sind in dieser Hinsicht deutlich unterlegen.

Bei der Gestaltung des Salons hatte ich zwei Zielsetzungen. Zum einen sollte der Fußraum möglichst frei bleiben, und zum anderen wollte ich die Sitzplätze auf den Kojen so bequem wie möglich machen. Dies bedeutet, dass die Rückenlehnen erheblich schräger angeordnet sein müssen als üblicherweise auf Yachten dieser Größe.

Durch das Schrägstellen der Rückenlehnen benötigt man zwangsläufig mehr Kopffreiheit im seitlichen Kajütbereich, und die Staufächer werden dadurch schmaler. Diesen relativ kleinen Nachteil habe ich aber bewusst in Kauf genommen, da mit zirka 40 Zentimeter Tiefe immer noch genug Stauplatz verbleibt. Den genauen Winkel der Rückenlehnen sollte man in der Praxis ausprobieren, denn er hängt auch von der *Sitzhöhe* ab. Mit ein paar Schaumstücken lässt sich leicht die Koje simulieren. Von der Sitzebene aus gemessen, dürfte ein Winkel von zirka 110 Grad ein anzustrebender Mittelwert sein.

Bei der Gestaltung des Tisches sind drei Dinge wichtig: Tisch und Sitzhöhe müssen in einem guten Verhältnis sein. Bei aufrechter Sitzhaltung sollten die ausgewinkelten Unterarme parallel zur Tischplatte liegen. Zweitens ist es vorteilhaft, wenn der Tischrand direkt über dem Kojenrand endet. Drittens sollte man darauf achten, dass der Tisch mit heruntergeklappten Flächen nicht genau in der Mitte des Durchgangs steht, sondern seitlich versetzt ist. Auf diese Weise bleibt der Durchgang zum Vorschiff frei, und eine Person kann auch noch nach vorn gehen, wenn die Kojenplätze besetzt sind.

1 Zunächst werden die Schrank- und Zwischenböden eingepasst, verleimt und verschraubt. Hierbei muss man die Hinterkanten genau der Rumpfform anpassen, da sonst später alle Kleinteile auf Nimmerwiedersehen verschwinden.

2 Bevor man mit der Frontplatte beginnt, müssen erst die Rückwände verkleidet werden; später kommt man sehr schlecht an diese Stelle heran. Auch sollten elektrische Leitungen vor dem Schrankbau verlegt werden.

3 Das Schapp im Rohbau. Die Schrauben der Fußreling wurden absichtlich nicht verkleidet, falls man hier einmal Leckstellen beseitigen muss. Die Unterseiten des Decks werden abschließend geschliffen und weiß lackiert.

4 Die fertige Salonfront mit zwei offenen Fächern unten und einem geschlossenen

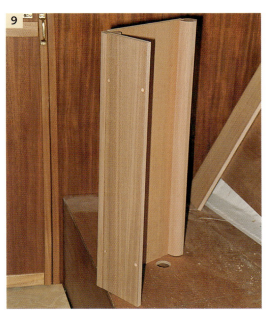

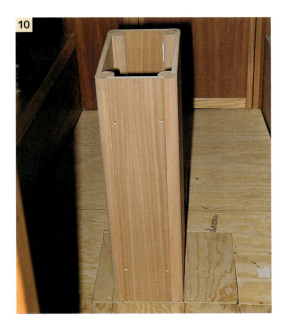

Schapp oben. Oberhalb der Rückenlehne wird die Kante mit einer kräftigen Leiste abgeschlossen, die als Handlauf dient und bei Krängung Halt bietet.

5 Da die Rückenlehnen klappbar sein müssen (um zum Schlafen auf diesen Kojen hochgeklappt zu werden), wird links und rechts ein sehr kräftiges Scharnier aus rostfreiem Stahl mit Maschinenschrauben M6 angeschraubt.

6 Ein Einsatz für Gläser und Flaschen, der in das freie Bord passt. Dieser Einsatz wird später nur von oben eingelegt, damit man ihn zum Säubern leicht herausnehmen kann.

7 Die Kojenseitenteile bestehen aus 12 Millimeter dickem Sperrholz. Die Berührungskanten zum Bootsrumpf werden von innen anlaminiert. Die Holzeckverbindungen werden mit diesen Profilleisten ausgeführt.

8 Der Beginn eines Salontisches. Das Tischbein soll die Form einer kleinen Säule bekommen, damit der Fußraum unter dem Tisch so wenig wie möglich eingeschränkt wird.

9 Auch bei dieser Konstruktion werden die bekannten Profilleisten mit dem Außenradius eingesetzt. Zunächst werden zwei identische Winkelstücke, bestehend aus Vorderwand und Seitenteil, hergestellt. Sind beide Winkelstücke fertig, verleimt und verschraubt man sie zu einer Säule.

10 Die Tischsäule im Rohbau. Sie wird später mit dem Bodenbrett unmittelbar verschraubt. Das Bodenbrett wiederum wird auf die Bodenwrangen geschraubt, um dem Tisch einen wirklich festen Halt zu geben.

11 Nachdem die Tischplatte zugeschnitten worden ist, beginnt man mit der Abschlussleiste. Auch diese Leiste hat den schon bekannten Außenradius, damit das Ganze optisch eine Einheit bildet. Die Gehrungen sind hier besonders schwierig herzustellen, da die Tischplatten-Seitenteile trapezförmig sind. An den Ecken entstehen keine rechten Winkel. Man schneidet daher die Leiste erst mit Übermaß grob zu.

12 So klafft die Lücke, wenn man den Winkel auf 45 Grad geschnitten hat. Danach folgt die Nacharbeit an der Abrichtscheibe.

13 Eine passgenaue Gehrung. Das feine Nachschleifen ist ohne Maschinen kaum möglich, da man bei manueller Bearbeitung zu leicht und ungewollt die Passflächen etwas rund bekommt.

14 Das schmale Mittelteil der Tischplatte ist immer symmetrisch zum Tisch-Unterbau angeordnet, andernfalls sieht ein Tisch »schief« aus; besonders wenn die Seitenteile heruntergeklappt sind, die wiederum ruhig ungleich breit sein können (je nach Raumverhältnissen).

15 Mit zwei Klavierbändern werden die drei Tischteile verbunden. Beim Anschrauben der Scharniere wird die Tischplatte auf einen ebenen Untergrund gelegt und genau ausgerichtet. Bei den ersten Schrauben sollte ein Helfer die Tischteile gut festhalten.

16 Diese Tischanschläge (mindestens zwei sind notwendig) halten später die Tischplattenhalter. Sie werden aus einer 25 mal 25 Millimeter dicken Montageleiste aus Mahagoni hergestellt.

17 Die Tischplattenhalter »in Aktion«. Sie werden ebenfalls mit Scharnierbändern an der Tischsäule befestigt. Wer den Tisch stark belasten will, kann vier Halter anschrauben.

18 Wenn der Tisch fertig geschliffen und lackiert ist (die Säule viermal, die Tischplatte mindestens fünfmal), können die Beschläge angeschraubt werden, die verhindern, dass die Tischplatten bei Seegang schwingen.

19 Der fertige Salon. Die Tischkanten schließen genau mit den Kojenkanten ab. Die Rückenlehnen der Kojen haben eine stärkere Neigung als üblich, wodurch man bequemer sitzt. Am Fußboden sieht man deutlich, dass der Tisch nicht in der Mitte befestigt ist, um den Durchgang bei heruntergeklapptem Seitenteil möglichst breit zu halten. Wer will, kann die Säule noch als Flaschenfach ausbauen.

Ein Wort zum Thema Schlingerleisten: Viele Werften bauen sie ein, weil sie besonders »schiffig« aussehen. Aber in der Regel sind diese »Zierleisten« als echte Schlingerleisten viel zu flach. Wenn also Schlingerleisten, dann mindestens fünf Zentimeter hoch und wegnehmbar, damit man auf See Schutz hat und im Hafen bequem essen kann. Am einfachsten erreicht man das mit eingelassenen Messinghülsen in der Tischplatte und Messingzapfen in den Schlingerleisten.

SALONGESTALTUNG | 77

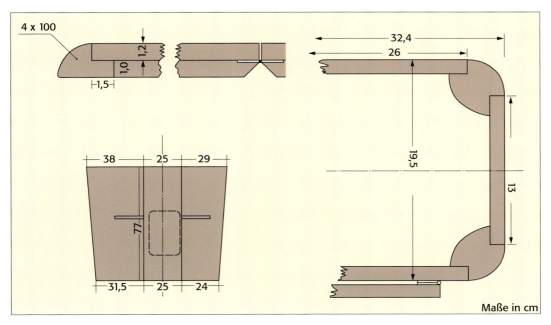

Der Tisch in der Draufsicht: Das Mittelteil ist parallel, die beiden Seitenteile haben jeweils eine schräge Seite. Diese Schrägung ergibt sich durch die Kojenvorderkanten, mit denen die Tischkanten fluchten müssen.

Stückliste:
Leisten Profil »B«   4 Stück   70 cm
Leisten Profil »A«   4 Stück   100 cm
Sperrholz 12 mm   2 Stück   70 x 26 cm
Sperrholz 12 mm   2 Stück   70 x 13 cm
Sperrholz 12 mm   1 Stück   77 x 25 cm
Sperrholz 12 mm   1 Stück   77 x 38 x 31,5 cm
Sperrholz 12 mm   1 Stück   77 x 29 x 24,0 cm

Die ausklappbaren Tischplattenstützen werden aus 20 x 20 cm großen Sperrholzreststücken geschnitten.

Die Außenabmessungen der Säule betragen 19,5 cm x 32,5 cm. Die dazugehörigen Sperrholzstreifen sind 13 beziehungsweise 26 cm breit.

Die Tischhöhe richtet sich nach der Kojenhöhe. Im Normalfall kann man von einer Tischhöhe von 70 cm ausgehen. Ist die Sitzhöhe entsprechend niedriger, muss auch die Tischhöhe reduziert werden, da man sonst nicht bequem sitzt. Die richtige Tischplattenhöhe sollte so geplant sein, dass man aufrecht sitzend die Tischoberkante in Ellenbogenhöhe hat.

WC-Raum-Ausbau:

Waschen, Spülen, Trocknen

Der Sanitärbereich auf einer Fahrtenyacht wird leider allzu oft von den Konstrukteuren vernachlässigt, obwohl gerade hier eine gewisse Bewegungsfreiheit sowie eine zweckmäßige Ausstattung gefordert sind.

Wie oft haben wir auf unseren Testfahrten kopfschüttelnd vor so genannten »Nasszellen« gestanden, die schon beim bloßen Anblick deutlich zeigten, dass man hier wirklich nur eine »Notdurft« verrichten kann. Körperpflege und Hygiene waren in der Enge kaum zu praktizieren.
Die Ausstattung des WC-Raumes einer Fahrtenyacht sollte so beschaffen sein, dass für alle Bedürfnisse der Körperpflege Installationen und Einrichtungen vorhanden sind. Noch besser ist es, wenn eine Duschvorrichtung eingeplant wird, sofern es die Raumabmessungen erlauben.
Bei dem hier gezeigten Beispiel – an Bord meiner CB-33 – ist die Unterbringung einer Duschkabine nur schwer möglich. Daher ist es um so wichtiger, dass ein wirklich gut nutzbarer Waschtisch zur Verfügung steht, über den man sich bequem beugen kann. Auch sind die Tischflächen links und rechts neben der großen, runden Spüle kein optisches Beiwerk, sondern notwendige Ablagen. Zur weiteren Ausstattung gehören ausreichende Schrankflächen und Stauräume für jedes Crewmitglied.
Das WC mit Seewasserspülung muss fest stehen, bequem zu benutzen und einfach zu säubern sein. Die Seeventile sollten so angebracht sein, dass sie leicht zu finden und ohne Verrenkungen zu bedienen sind.
Doch nicht nur die Körperpflege, sondern auch die Pflege des WC-Raumes ist zu bedenken. Versteckte Ecken und Winkel sollten möglichst nicht vorhanden sein. Daher muss unter dem Bodenbrett des WC-Raumes eine direkte Abflussmöglichkeit zur Bilge bestehen, damit auch mal mit einer Pütz Wasser kräftig durchgespült werden kann. Daraus folgt, dass alle Materialien, die hier Verwendung finden, absolut wasserfest beziehungsweise rostfrei sein müssen; Lackierungen sind besonders sorgfältig auszuführen.
Vorteilhaft ist es, wenn die Lüftung aus zwei Einheiten besteht. Zum einen sollte ein Permanentlüfter (Pilzlüfter oder Ähnliches) vorhanden sein, der auch bei Abwesenheit von Bord seinen Dienst tut. Und zum anderen muss ein leicht zu öffnendes Luk oder Fenster für Licht und Luft sorgen. Die Tür zum Salon ist aus verständlichen Gründen so zu fertigen, dass eine möglichst hohe Schall- und Geruchsdichte erreicht wird.
Ebenso wichtig ist eine optimale Beleuchtung, denn sehr häufig wird der WC-Raum frühmorgens oder spät am Abend benutzt. Zwei 10-Watt-Lampen sollten mindestens vorhanden sein, oder man verwendet Energie sparende Leuchtstofflampen (sieben bis zehn Watt).

1 Erster Arbeitsschritt: Die Tischplatte wird seitlich mit Montageleisten an den Schottwänden befestigt. Mit einem Zirkel wird der Waschbeckenausschnitt angerissen und mit der Stichsäge herausgesägt.

2 Nach der Tischplatte und der Vorderfront wird die Front für den Oberschrank eingebaut. Mit vorgefrästen Leisten (Doppelnut) werden die Durchbrüche verkleidet. Den Einsatz für den Unterschrank fertigt man komplett außerhalb des Schrankes, um ihn dann lackiert in einem Stück einzusetzen.

3 Probeweise wird das Waschbecken eingesetzt, um zu prüfen, ob Zulauf- und Ablaufschlauch einwandfrei unterzubringen sind. Schläuche nie, wie hier gezeigt, in Buchten verlegen (Behinderung des Wasserablaufs); immer die kürzeste Verbindung suchen.

4 Eine schwierige Aufgabe: die Aufteilung der zerklüfteten Decke, die mit Folie beklebt beziehungsweise mit beklebten Sperrholzplatten verkleidet werden soll. Mit einem Filzstift zeichnet man sich die einzelnen Stücke an, um geeignete Teilbereiche zu erhalten.

rauf zu achten, dass die Schrauben zunächst mit wenig Kraft eingedreht und erst ganz zum Schluss gleichmäßig über Kreuz festgezogen werden.

5 Bevor die Innenverkleidung eingeklebt wird, muss der Fenster-Innenrahmen herausgenommen werden. Den Außenrahmen erst wieder einsetzen, wenn der Kleberauftrag beendet ist.

6 Nach der Bespannung wird der Innenrahmen wieder gegengeschraubt. Dabei ist da-

7 Die Trägerleiste für die Lampe (Brett an der Decke) wird angepasst. Hinter ihr werden auch gleich die notwendigen Kabel versteckt. Die Stirnseite der Platte erhält als Abschluss eine schmale Leiste, um die Sperrholzschichtung zu verdecken.

8 Der Lampengrundkörper wird vormontiert. Durch eine 10-Millimeter-Bohrung führt man das Kabel auf die Rückseite.

9 Die so vormontierte Platte wird gegen das Sandwichdeck geschraubt. Es empfiehlt sich, die Platte erst im lackierten Zustand anzuschrauben, um Abdeckarbeiten zu vermeiden.

WC-RAUM-AUSBAU | 81

10 Wenn die Holzteile die Endlackierung erhalten haben, kann die Lampe vollständig montiert werden. Der Schalter liegt im vorderen Bereich, sodass man ihn auch im Dunkeln findet.

11 Die beiden Bodenbretter im WC-Bereich werden eingepasst. Das hintere Brett wird fest eingeschraubt, da hier das WC-Becken stehen soll. Das vordere Brett liegt lose auf den Leisten, sodass man darunter leicht saubermachen kann. Der Bereich unter den Brettern muss eine direkte Verbindung zur Bilge haben.

12 Das WC-Becken wird mit vier Schrauben aus rostfreiem Stahl (M 6) auf die Bodenplatte geschraubt. Die Anpassung der Sitzhöhe kann durch Unterfütterung des Fundamentes erreicht werden. Bei der Installation ist darauf zu achten, dass man genügend Freiraum zur Reinigung behält. Die Korkverkleidung neben den Bodenbrettern wird in Epoxid-Kleber verlegt und anschließend zweifach mit Klarlack lackiert.

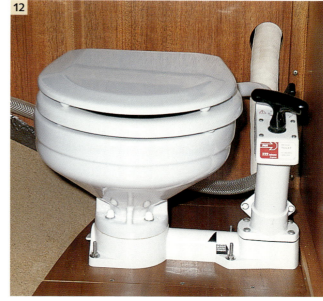

13 Hinter dem WC-Raum ist ein Ölzeugschrank eingebaut. Auch von hier kann das Wasser direkt in die Bilge abfließen. Eine Austrittsdüse der Heizung macht aus diesem Bereich einen »Trockenschrank«. Unterhalb des Seitendecks soll später ein Fäkalientank montiert werden, der mit einer einfachen Gefälle-Entleerung ausgestattet ist.

14 Die Einpassung der Tür muss mit besonderer Sorgfalt geschehen, da sie möglichst schall- und geruchsdicht sein soll. Zunächst werden hierfür Pappschablonen angefertigt.

15 Ein nach dieser Pappschablone gefertigtes Sperrholzstück wird seitlich mit Holzleim verbunden und an der Decke von innen mit zwei Gewebelagen einlaminiert.

16 Das untere Teil mit Trittschwelle muss in der Praxis große Kräfte aufnehmen, daher auch dieses Teil sorgfältig mit dem Boden durch Laminieren verbinden. Die seitliche Schwalbenschwanzpassung verhindert ein Verschieben der Schwelle.

17 Der Türriegel wird von innen auf das Türblatt geschraubt. Der Betätigungshebel ist durch einen Schlitz in der Tür von beiden Seiten erreichbar.

18 Der fertige WC-Raum mit einigen weißen Elementen, die der farblichen Auflockerung dienen. Die Seitenteile sind vierfach, die Tischplatte sechsfach lackiert. Interessant: Die weiß lackierte Lamellentür stammt – preiswert – aus dem Baumarkt.

19 Der Deckenraum wird mit Sperrholzsegmenten ausgekleidet, die mit Folie bespannt sind. Das zum Cockpit führende Fenster wird erst eingebaut, wenn die Bespannung der Wandflächen abgeschlossen ist. Die Deckenleuchte habe ich auf eine Platte gesetzt. Sie verdeckt die Kabel.

Übergänge:

Verblendungen und Abdeckungen

In diesem Abschnitt geht es um das Make-up der Holz-/Rumpf-Verbindungen. Sie bestehen bei GFK-Yachten meist aus einem Winkellaminat, das mit Mahagoni-Profilleisten abgedeckt werden muss.

Wenn alle Schotten, Einbauten und Rumpfanschlussteile eingebaut sind, kann mit der Verkleidung der Eckverbindungen begonnen werden. Es bieten sich hier drei verschiedene Methoden an.
Erstens: Die Eckverbindung wird mit Sperrholzstreifen abgedeckt – eine einfache Ausführung, die nicht besonders schön ist, da die Abdeckung sehr steif und kistig aussieht. Diese Lösung ist jedoch am preisgünstigsten. Die zweite Methode: Die Sperrholzstreifen werden mit Kunststofffolie umspannt (in Farbe und Material der übrigen Deckenverkleidung) und dann an die Eckverbindung geschraubt. Dies hat den Vorteil, dass man die Teile nicht so genau einpassen muss, da die Folie kleine Maßtoleranzen ausgleicht.
Und schließlich die dritte Möglichkeit: Speziell angefertigte Profilleisten aus Mahagoni werden genau auf Gehrung geschnitten und über das Laminat geschraubt. Diese Ausführung sieht mit Abstand am besten aus, ist aber auch die teuerste Lösung, da für diese Leisten nur sehr hochwertiges Mahagoni genommen werden kann. Auch ist die Anbringung sehr aufwändig – jede Verschraubung wird sorgsam versenkt und verpfropft. Ich habe mich für die letzte Methode entschieden, in erster Linie aus optischen Gründen. Doch bevor man mit der Anbringung der Leisten beginnen kann, muss die Laminat-

ecke sorgsam vorbereitet werden, damit die Leisten ganz exakt aufliegen. Mit einem Winkelschleifer werden daher die Laminatdicken auf ein Maß eingeebnet, und der Laminatstreifen wird mit einem kleinen rotierenden Sägeblatt so weit zurückgeschnitten, dass die Nut der Profilleiste gerade ausgefüllt wird.

1 So sieht in der Regel die Laminatverbindung auf einer hochwertigen Segelyacht aus. Beidseitig ist die Schottwand mit drei bis fünf Lagen Matte befestigt.

2 Diese kleine Kreissäge, die einfach in die Bohrmaschine gespannt wird, eignet sich hervorragend zum Abtrennen zu breiter Laminatstreifen. Die Standzeit eines Sägeblattes beträgt etwa zwei Meter Schnittlänge (also genügend Blätter bereithalten).

3 Die mit einem Filzstift vorher angezeichnete Schnittlinie wird vorsichtig freigeschnitten. Man muss dabei sehr sorgsam vorgehen, da sonst leicht das darunter liegende Sperrholz beschädigt wird (Schwächung der Schottwand).

4 Mit einem Stecheisen wird der angesägte GFK-Streifen von der Schottwand abgetrennt. Vorsicht: Nicht zu tief in das Holz dringen, es könnten dann Furnierstücke aus der Deckschicht herausreißen.

5 Das Maß der Dinge: Der Laminatstreifen passt jetzt genau in die dafür vorgesehene Nut der Profilleiste. Am unteren Rand der Profilleiste, also dort, wo die Leiste voll aufliegt, wird die Verschraubung angebracht.

6 Man beginnt mit der senkrechten Leiste, die an der Außenkante der Rumpfwölbung angepasst wird. Die Gehrung (oben) bildet die Winkel halbierende zwischen Deckenplatte und Schottwandneigung. Sie muss exakt abgenommen werden.

7 Die Abdeckleisten im Rohbau. Die Berührungsstellen an den Gehrungen werden mit Bootsleim zusammengefügt. Die Schrauben sind alle sorgsam versenkt. Achtung: die Länge der Schrauben genau auf die Schottwanddicke abstimmen!

8 Nach der Verschraubung werden die Pfropfen unter Zuhilfenahme von Bootsleim eingeschlagen. Da die Pfropfen sehr dicht an der Kante sitzen, dürfen sie nicht verkanten!

9 Mit dem Stecheisen werden die Pfropfen gekürzt, eingeschliffen und die Leisten anschließend lackiert. Zwei bis drei Lackierungen sollten es schon sein.

10 Wenn Kabel hinter der Leiste verlegt werden sollen, muss an der Austrittsstelle ein kleiner Durchbruch gefräst werden. Diese Arbeit führt man am besten mit einem Fräseinsatz für die Bohrmaschine aus.

11 Die Fußleisten werden nach der gleichen Methode hergestellt. Auch hier zunächst das Laminat einebnen und gegebenenfalls kürzen.

12 Wenn ein Teppich vorgesehen ist, muss die Leiste so hoch angebracht werden, dass er noch gut darunter passt.

13 Den genauen Gehrungsschnitt erhält man durch »Parallelverschiebung«. Zunächst wird die rechte Gehrung zur senkrechten Wand geschnitten. Dann die Leiste anhalten und wie im Bild gezeigt anreißen.

14 Zum Abschluss zwischen Schottwand und Deckenverkleidung kann man auch einen Streifen aus 6-mm-Sperrholz verwenden. Dann ist allerdings eine Verpfropfung nicht möglich. Ein Massivholz-Abschluss ist vorzuziehen.

Holzdecke:

Profile und Platten

Die Gestaltung der Deckenverkleidung im Kajütbereich ist eine der schwierigsten Arbeiten beim Bootsausbau. Gerade Kanten oder Flächen sind so gut wie nicht vorhanden; erschwerend kommt hinzu, dass man ständig »über Kopf« arbeiten muss.

Am einfachsten hat man es, wenn der Kasko mit einer Innenschale im Decksbereich geliefert wird. Selbstbauer, die sich zum ersten Mal an einen Ausbau wagen, sollten daher nach Möglichkeit ein Schiff wählen, das bereits mit einer Decksinnenschale ausgerüstet ist – das spart enorm viel Zeit und Ärger Bei meinem Schiff musste ich die Verkleidung selbst vornehmen. Dabei war eine sorgfältige Planung notwendig.

Sie beginnt schon mit den Fragen: eine helle oder eine dunkle Decke? Sollen Profilleisten oder Platten den optischen Abschluss bilden? Wo bleibe ich mit den elektrischen Leitungen? Wie gestalte ich die Lukeinfassungen?

Allgemein gilt die Auffassung, dass eine helle Decke einen Raum freundlicher und größer macht, also optisch mehr Platz verspricht. Inzwischen gibt es aber auch gegenteilige Meinungen – die These nämlich, dass eine dunkle Decke nicht so prägnant erscheint und daher optisch mehr in den Hintergrund rückt. Neuerdings geht man beispielsweise dazu über, Tunneldecken dunkel, die Seitenwände dagegen hell zu gestalten, um »mehr Höhe« zu bekommen.

Auch ich wollte dieser These folgen und habe mich nicht zuletzt aus diesem Grunde für eine relativ dunkle Mahagonidecke entschieden, die im guten Kontrast zu den hellen Seitenwänden steht.

HOLZDECKE | 89

Ich wählte dann die Ausführung mit Profilleisten, weil man damit von beiden Seiten beginnend zur Mittschiffslinie hin arbeiten kann. Deckenverkleidungen mit großen Platten erfordern einen großen Werkstattraum; im Schiff ist eine derartige Arbeitsweise aus diesem Grunde fast unmöglich. Außerdem ist eine zweidimensionale Verformung von Platten nicht möglich – auch in diesem Punkt sind Profilleisten von Vorteil. Und schließlich: Wer am Ende die dunklen Leisten nicht leiden mag, kann sie immer noch hell streichen, denn auch dafür eignen sie sich sehr gut.

Die elektrischen Leitungen für Lampen und Instrumente lassen sich hinter den Profilleisten bequem verstecken. Man sollte sich in diesem Fall aber eine kleine Skizze für das Bordbuch anfertigen, aus der der Stromlaufplan hervorgeht, denn spätestens nach einem Jahr hat man die Lage der Leitungen vergessen.

Die Einfassung des Luks im Kajütbereich habe ich ebenfalls aus Mahagonileisten hergestellt. Wer es einfacher haben will, der kann auch fertige Kunststoff-U-Profile über die Schnittkanten des Lukrahmens schieben – eine Lösung, die allerdings nicht so gut aussieht.

1 Zur Vorbereitung: Die Decke wird in zwei etwa gleich lange Abschnitte unterteilt. An dieser Mittellinie wird quer zur Schiffsrichtung eine Leiste angeschraubt, auf der die Profilleisten später Halt finden. Die Unterteilung in zwei Längenabschnitte ist absolut notwendig, weil man mit etwa dreieinhalb Meter langen Profilleisten im Salon nicht hantieren kann. Man muss außerdem jede Leiste der jeweiligen Schottwand anpassen (kein rechter Winkel!). Durch diese Teilung in der Mitte kann man die Längenanpassung leichter vornehmen.

2 Die helle Leiste muss so dick sein, dass die Schrauben nicht im Wege stehen. Außerdem kann man so zwischen den Profilleisten und dem Deck notwendige Kabel verlegen.

3 Jede Leiste *muss* der jeweiligen Schottwand sorgfältig angepasst werden. Den genauen Winkel schleift man mit der Abrichtscheibe.

4 Bei dieser Arbeit wird von außen nach innen gearbeitet, um die V-förmige Anpassung in der Mitte ausführen zu können. Der in Schiffsmitte entstehende grobe Spalt (quer zur Schiffsrichtung) wird später mit einer Leiste abgedeckt.

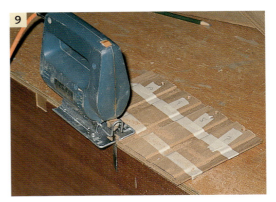

5 Von beiden Seiten wird bis Mastmitte gearbeitet. Die Mittellinie zeigt an, wie weit die Leiste seitlich abgesägt werden muss.

6 Diese Einpassarbeit sollte sehr sorgfältig geschehen, da sonst in der Mitte ein unschöner Spalt entsteht. Wer noch nicht gleich die Leisten sägen will, der kann sich zunächst Schablonen aus Pappe machen.

7 Bis auf den Mastdurchbruch wird die gesamte Decke mit Profilleisten versehen.

Zwischen jede breite Leiste kommt eine schmale, passende Federleiste. Der Rand des Mastausschnittes wird später mit einer Blende abgedeckt (ab Bild Nr. 11).

8 Die Leisten in der Nähe des Lukausschnittes werden grob auf Länge geschnitten, durchnummeriert und angezeichnet.

9 Mit einem Klebstreifen werden sie zusammengehalten, damit sich ihre Lage zueinander nicht verändert. Mit der Stichsäge wird dann die exakte Länge geschnitten.

10 In genauer Reihenfolge werden anschließend die Leisten wieder angeschraubt. Mit den vorher gebohrten Befestigungslöchern findet man leicht die richtige Position wieder.

11 Die Blende für den Mastdurchbruch wird zunächst ohne Ausschnitt von unten gegengeschraubt. Von oben zeichnet man dann durch die Mastöffnung die richtige Lage des Durchbruches an.

12 Mit einem Kurvenlineal wird der genaue Ausschnitt aufgerissen. Vor dem Mastaus-

schnitt befindet sich der Ausschnitt für den Mastunterzug.

13 Mit der Stichsäge wird nun der innere Teil von unten ausgesägt – damit die später sichtbare Schnittkante sauber bleibt.

14 Mit dem rotierenden Schleifvorsatz arbeitet man die Rundungen nach, bis die Schnittkanten glatt sind.

15 Die Mastblende wird jetzt wieder unter Verwendung der vorher gebohrten Löcher an die alte Position geschraubt.

16 Der unregelmäßige Spalt zwischen den Leistenenden in Schiffsmitte ist hier bereits durch eine ausreichend breite Leiste abgedeckt worden.

17 Beim Lackieren muss man aufpassen, dass kein Lack auf die Kunststofffolie der seitlichen Verkleidung gelangt, da sie nicht mit einem Lösungsmittel bearbeitet werden darf. Mit einem Stück Pappe lassen sich Farbspritzer vermeiden.

18 Die Abdeckung um das Schiebeluk und das Klappluk wird aus zwei symmetrischen

HOLZDECKE | 93

Hälften hergestellt (aus sechs Millimeter dickem Sperrholz) und direkt gegen das Sandwichdeck geschraubt.

19 Die fertige Einfassung – farblich etwas abgehoben von den Profilleisten. Der Rahmen für das Klappluk wird nach der Verleimung von unten gegengeschraubt.

20 Der Gesamteindruck: Durch die hellen Seitenteile und Polster wird der Blick nach unten gelenkt.

Gasanlage:

Schläuche, Rohre, Schellen

Wer eine Gasanlage an Bord selbst einbaut, sollte große Sorgfalt bei der Installation walten lassen. Wie es richtig gemacht wird, lesen Sie in diesem Abschnitt.

Gas an Bord zum Kochen und Heizen ist seit einigen Jahren gang und gäbe. Die großen Vorteile der einfachen Handhabung und der sauberen, geruchlosen Verbrennung haben dazu geführt, dass Werften nahezu ausschließlich Flüssiggasanlagen installieren.
Man darf allerdings nie außer Acht lassen, dass eine Flüssiggasanlage unter hohem Druck steht und es bei unsachgemäßer Installation oder Handhabung zu schwerwiegenden Unfällen kommen kann. Wer sich also an die Montage von Kocher, Brenner und Leitungen macht, der sollte einschlägige Erfahrungen in der Metallverarbeitung haben und die Installation von einem Fachmann abnehmen lassen, der die Anlage auf absolute Leckfreiheit überprüft.

Leckfreiheit aller Systeme ist oberstes Gebot, denn das schwere ausströmende Gas sinkt nach unten ab (in der Regel unbemerkt, da man es nicht immer sofort riechen kann) und wird dort zu einem explosionsfähigen Gas-/Luftgemisch, das durch den kleinsten Funken entzündet werden kann. Schläuche, Leitungen, Ventile und Beschläge sollte man nur vom Fachausrüster beziehen, der sich mit den besonderen Bedingungen an Bord auskennt. Billigprodukte aus dem Campingbedarf sind aufgrund mangelnder Korrosionsfestigkeit nicht für den Einsatz an Bord geeignet.
Grundlagen für den Einbau sind die »Richtlinien für Einbau und Prüfung von Flüssiggasanlagen auf Wassersportfahrzeugen« des Germanischen Lloyd und das Arbeitsblatt G 608, »Technische Regeln für Flüssiggasanlagen auf Wassersportfahrzeugen« des Deutschen Vereins des Gas- und Wasserfaches (DVGW); erhältlich bei allen autorisierten Fachhändlern für Flüssiggasanlagen. Jeder

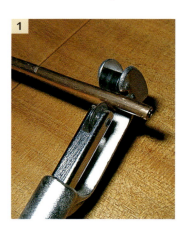
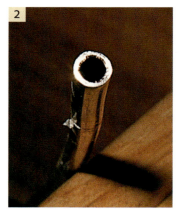
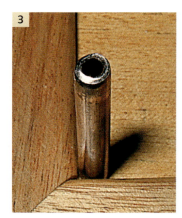

Eigner sollte in Eigenverantwortung eine Prüfung seiner Anlage nach diesen Richtlinien beantragen.

Schiffe, die auf dem Bodensee fahren, sind sogar gesetzlich verpflichtet, die Gasprüfplakette zu führen. Alle Leitungen sollten aus Kupferrohr (8 x 1) sein, für die notwendigen flexiblen Zwischenstücke an der Flasche und im Schwingbereich des Herdes werden druckgeprüfte Schläuche eingesetzt, die nicht mit Schlauchschellen, sondern mit Überwurf-Verschraubungen befestigt werden. Die Rohrleitungen sollten im Schiff mit Kunststoff-Schellen fixiert sein, die das Kupfer nicht durchscheuern.

Vermeiden Sie bei Ihrer Planung die Unterbringung der Gasflasche im Ankerkasten – dies ist ein denkbar ungeeigneter Platz. Seewasser zerstört dort in kürzester Zeit die Armaturen und Verschraubungen. Die ausrauschende Ankerkette tut ein Übriges. Eine einwandfreie Lagerung bietet ein speziell konstruierter GFK-Flaschenkasten, der wasser- und stoßgeschützt in der Backskiste untergebracht wird und ein Lenzrohr nach außenbords hat.

1 Beim Schneiden wird das Kupferrohrstück mit den Schneidrollen eingeklemmt, bis diese gerade fest aufliegen.

2 Mit einer feinen Metallsäge kann man auch das Rohr kürzen. Allerdings auch hier sorgsam den Grat entfernen, damit man die Verschraubung sicher vornehmen kann.

3 Die leicht nach innen gebördelte Randschnittstelle des Rohres wird mit einem Dreikantschaber entgrätet.

4 Zur Verschraubung gehören von links nach rechts: die Überwurfmutter, der Schneidring und die Stützhülse. Die Messing-Stützhülse ist besonders wichtig, damit das relativ weiche Kupferrohr an der Schnürstelle nicht

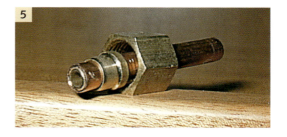

zusammengepresst werden kann. Die Stützhülse wird vor der Verschraubung mit einem kleinen Hammer in das Rohr geschlagen.

5 So sitzt die Stützhülse richtig. Der vordere Rand schließt bündig mit dem Rohrrand ab. Wenn das Rohr nicht ordentlich entgratet ist, kann es Schwierigkeiten geben; daher immer nur einen sauber schneidenden Rohrschneider benutzen und den Grat dann gewissenhaft entfernen.

6 Der Schneidring darf vor dem Zusammenfügen nicht bis an das Rohrende geschoben werden. Die richtige Lage zeigt das Foto – etwa zwei Millimeter ragt das Rohr aus dem Schneidring hervor. Der Schneidring darf auf keinen Fall verkehrt herum aufgesetzt werden – das schlanke Teil zeigt immer zum Rohrende!

7 Mit einem Rohrschneider dieser Art lassen sich die noch groben Rohrschnittkanten leicht entgraten; man kann aber auch eine Feile und einen Dreikantschaber verwenden.

8 Auf der Rückseite eines Schnellschiebers ist die Durchflussrichtung angegeben, die unbedingt berücksichtigt werden muss (siehe Pfeil).

9 Zunächst den Schnellschieber mit der Rohr- und Schlauchleitung verschrauben.

Dann die Schelle über den Schnellschieber legen und das Befestigungsloch vorbohren.

10 Die Schelle muss ganz exakt und fest sitzen, da bei der Betätigung des Schnellschiebers keine mechanische Belastung auf die Rohrverbindung kommen darf.

11 Der Schnellschieber sollte an einer gut erreichbaren Position nahe des Kochers untergebracht werden, damit er jederzeit bedient werden kann.

12 Gasheizung in der Backskiste. Erst das Gerät anbringen, dann die Leitungen anschließen. Die Rohre müssen immer in großen Radien, wie hier gezeigt, verlegt werden.

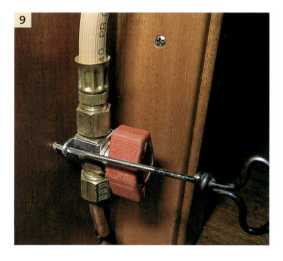

GASANLAGE | 97

13 Ein wichtiger Beitrag zur Sicherheit: Ein Magnetventil mit Fernbedienung. Es wird direkt an das Druckminderventil gekoppelt. Wird von der Pantry per Leitung der Strom unterbrochen, schließt sich das Ventil, und der Gas-Kreislauf ist unterbrochen. Man muss nicht immer im Tagesverlauf das Flaschenventil von Hand betätigen. Jede Yacht sollte damit ausgerüstet sein.
Dieses Ventil öffnet nur bei 12-Volt-Stromzufuhr, kann also von der Pantry aus geschaltet werden. Bei Stromunterbrechung ist der Durchfluss gesperrt.

14 Doppelschnellschieber: ein Weg für den Kocher, ein Weg für die Heizung. So lassen sich beide Systeme getrennt schalten.

15 Schlauch (1,5 Zoll) für die Gaskasten-Lenzung. Haben Flasche oder Leitungen ein Leck, fließt das Gas nach außen zum Spiegel ab.

16 Wetterkappe für den Gasaustritt am Spiegel des Bootsrumpfes. Sie verhindert das Eindringen von Regenwasser in den Schlauch.

17 So sehen schlecht gelagerte Armaturen schon nach einer Saison aus. Der Korrosionsprozess, entstanden durch Salzwasser und aggressive Seeluft, ist schon weit fortgeschritten.

18 Auch das gibt es. Eine fabrikneue Flasche ist am Ventil undicht. Blasen aus Seifenlösung zeigen das Leck! Vor jeder Installation also auch die Flasche prüfen!

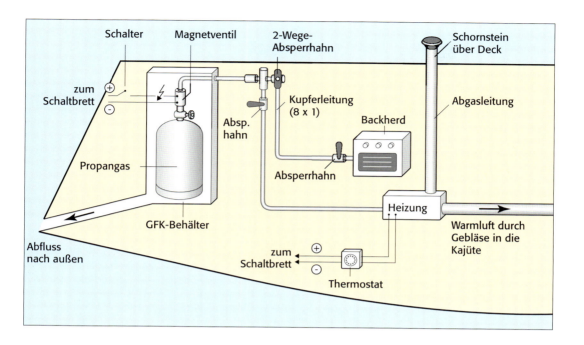

Systemplan der Gasanlage

Die hier gezeigte Anordnung steht nur als Beispiel. Im Prinzip ändern sich aber nur die Dimensionen, der Gesamtaufbau ist stets gleich. Die Propangasflasche befindet sich in einem geschlossenen Behälter, der einen direkten Abfluss nach außen hat (falls die Flasche einmal ein Leck hat). Auf der Flasche befindet sich ein elektrisches Ventil, das von der Kajüte aus fernbetätigt werden kann. Von dort geht die feste Kupferleitung (8 x 1) zum 2-Wege-Hahn, der hier eine Leitung zur Heizung und eine zweite Leitung zum Herd hat. Die Heizung wird über einen Thermostaten gesteuert, der sich im Salon befindet. Direkt vor dem Backherd sollte immer noch ein mechanischer Hauptschalter sein, den man stets sofort nach dem Gebrauch schließen sollte.

Die Verlegung des Schornsteins für die Heizung entnehmen Sie bitte der Betriebsanleitung des Heizungsherstellers, da jeder Heizungstyp besondere Merkmale hat.

Komfort:
Polster und Kojen

Wie man sich bettet, so schläft man – diese Weisheit gilt auch an Bord. Gute Polster sind ein wichtiger Bestandteil einer Yacht, auf der man auch längere Zeit wohnen will.

Die Wahl der richtigen Polster hängt in erster Linie vom Yachttyp ab. Ein Regattasegler wird auf seinem »Sportgerät« vor allem auf das Gewicht der Unterlagen achten sowie auf einen möglichst wasserabweisenden Bezug. Erst am Schluss stehen Überlegungen zur Bequemlichkeit. Für diesen Bedarf genügt ein Schaumstoffkern mit einem »Raumgewicht« (so bezeichnen Schaumstoffhersteller die Dichte des Materials) von weniger als 40 Kilogramm/Kubikmeter. Auch kann die Polsterdicke schon mit sechs bis sieben Zentimetern ausreichend sein – wenn man nicht vier Wochen ununterbrochen darauf schlafen will. Als Bespannung empfiehlt sich dafür entweder ein wasserabweisendes Kunstleder oder aber ein Stoff, der aus einer rein synthetischen Faser hergestellt wird. In beiden Fällen ergibt sich der Vorteil, dass ein durchnässtes Polster ohne einzulaufen schnell wieder zu trocknen ist. Baumwollstoffe, Wolle oder Leinen sind für diesen Zweck gänzlich ungeeignet.

Eine Fahrtenyacht, die nicht nur gemütlich, sondern auch komfortabel sein soll, verlangt andere Maßstäbe. Die Polsterkerne müssen so beschaffen sein, dass auch nach langem Sitzen oder Liegen nicht die Holzunterlage zu spüren ist. Das bedeutet, dass das Schaumgewicht mindestens 50 Kilogramm/Kubikmeter oder mehr betragen sollte. Diese Schaumgewichte garantieren – geht man von einem zehn Zentimeter dicken Polster aus –, dass auch nach stundenlanger Belastung kein Durchdrücken bis zur Unterlage zu spüren ist. Dies ist besonders für das Sitzen auf den Salonkojen zu beachten, da bei reinen Schlafkojen (im Vorschiff und achtern) die Belastung durch das Körpergewicht auf eine große Fläche verteilt wird. Man kann daher getrost die Kojendicke vorn und achtern auf acht Zentimeter reduzieren.

Mit einer neuen Technik lässt sich der Sitz- und Schlafkomfort noch weiter steigern – Sandwichpolster machen es möglich. Diese bestehen aus einer harten Unterlage und einer relativ weichen Oberlage – zum Beispiel 50 Kilogramm/Kubikmeter unten und 35 bis 40 Kilogramm/Kubikmeter oben. Die Unterlage soll bei dieser Sandwichkonstruktion 2/3 und die Oberlage 1/3 der Gesamtdicke betragen. Beide Lagen werden grob zugeschnitten, verklebt und dann genau auf Maß geschnitten. Diese Konstruktion hat den Vorteil, dass man zwar eine weiche, angenehme Oberfläche erhält, aber trotzdem das Polster nicht durchsitzen kann.

Bevor nun der Stoff um den Schaumstoffkern genäht werden kann, sollte ein Diolen-Vlies (etwa 100 bis 200 Gramm/Quadratmeter) gespannt und geklebt werden. Dieses Vlies verhindert wirkungsvoll das »Wandern« des Bezugsstoffes.

Bevor Sie allerdings zum Polsterer gehen oder gar selbst die Nähmaschine anwerfen (was nur bedingt ratsam ist, da diese Maschinen mit den großen und schweren Stoffen überfordert sind), muss jede Koje penibel ausge-

messen werden. Bei einfachen Flächen ohne Rundungen und Schrägen reichen die Maße aus, die in einer kleinen Skizze festgehalten werden. Bei komplizierten Formen sollte man unbedingt eine Schablone aus dünner Pappe anfertigen. Auch ist die Schrägung (Schmiege) zum Rumpf hin exakt festzuhalten.

Die zugeschnittenen Schaumstoffteile werden, bevor sie ihren teuren Stoffüberzug erhalten, an Bord ausgelegt und gegebenenfalls korrigiert. Es ist ratsam, alle Teile genau zu beschriften: Vorderseite, oben, unten, Backbord, Steuerbord und so weiter. Die Auswahl des Stoffes sollten Sie mit einem Fachmann vornehmen. Er weiß genau, welches Material sich an Bord bewährt hat. Wer hier spart, wird sich schnell ärgern, denn spätestens nach einer Saison ist der falsche Stoff lappig und nur noch wenig attraktiv.

1 Schaumstoff für die einfachen Kojen, die nicht stark belastet werden, hat ein Raumgewicht von zirka 40 Kilogramm/Kubikmeter. Die Dicke kann je nach Verwendung zwischen sechs und zehn Zentimetern schwanken.

2 Für den Komfortaufbau einer Salonkoje wird unten fester, oben etwas weicherer Schaumstoff verwendet. Die Folge: weiches Sitzen und Liegen, aber kein Durchdrücken.

3 Nach der Verklebung der beiden Schichten wird die genaue Kontur angezeichnet und an der Spezialsäge ausgeschnitten.

4 Auch die Schrägung zum Rumpf hin (Schmiege) muss exakt gefertigt werden, da sonst das Polster verrutscht, wenn der Winkel nicht stimmt.

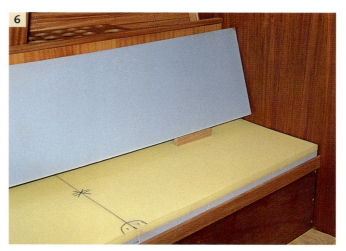

5 Nach dem Zuschnitt kommt die Anprobe an Bord. Auch wenn das Mühe und Zeit kostet – es lohnt sich. Ist erst genäht, sind Korrekturen sehr teuer.

6 Rückenlehnen (vier bis fünf Zentimeter dick) können in einem Teil gefertigt sein. Kojenauflagen dagegen, die die Stauräume abdecken, sollte man in zweiteiliger Ausführung herstellen lassen.

7 Die Polsterecken nicht einfach scharfkantig auslaufen lassen, sondern die Radien exakt schon beim Schaumkern schneiden.

8 Zwischen Schaumkern und Bezugsstoff wird bei guten Polstern ein Vlies eingearbeitet, das das Verrutschen des Bezugsstoffes verhindert. Hier hat man noch einen Unterstoff eingebracht, der meiner Meinung nach nicht unbedingt notwendig ist.

9 Der mit Vlies umspannte Schaumkern wird in die Polsterhülle geschoben, die an der Rückseite einen langen Kunststoffreißverschluss hat. So kann man den Polsterstoff später leicht reinigen lassen.

10 Die Kantennähte kann man als Hohlnaht – wie hier am Beispiel gezeigt – oder als verdeckte Naht ausfahren. Es ist letztlich eine Frage des eigenen Geschmacks, praktische Gründe gibt es kaum.

11 Knöpfe verhindern zusätzlich das Verrutschen des Stoffes. Sie sind besonders bei

KOMFORT | 103

großen Flächen zu empfehlen. Das Gegenstück an der Polsterunterseite wird mit einer kleinen Kunststoffschlaufe verbunden.

12 Mit dieser Spezialnadel wird die Schlaufe durch das Polster gezogen und am Knopfunterteil eingehakt. Die Schlaufenlänge beträgt etwa 2/3 der Polsterdicke.

13 Eine Arbeit, für die man Fingerspitzengefühl benötigt: Das Schlaufenende wird in den Haken an der Unterseite des Knopfes eingeklemmt.

14 Das Polster ist fertig. Die Kojenpolster werden lose eingelegt, das Rückenpolster wird mit einem zwei Meter langen Klettband befestigt, wenn die Koje entsprechend lang ist.

Instrumenteneinbau:

Vom Geber zur Anzeige

Die meisten Yachten werden heute mit Navigations- und Kommunikationsgeräten ausgerüstet. Ihre Abmessungen sind zwar je nach Fabrikat unterschiedlich, doch die Einbaumethoden sind ähnlich. Wir zeigen hier an drei Beispielen, wie Bordgeräte installiert werden können.

Es zahlt sich aus: Studieren Sie vor jedem Einbau eines Gerätes die Bedienungsanleitung genau, denn hier stehen Details geschrieben, die nicht nur den Einbau, sondern auch die Funktion sowie die eventuellen Garantiebedingungen betreffen. Ein unsachgemäßer Einbau kann schnell zum Verlust der Garantie führen.

Machen Sie sich, bevor Sie ein Gerät einbauen, ein Konzept, was alles einmal an Technik installiert werden soll. Nur so können Sie (auch wenn Sie aus finanziellen Gründen nicht alles sofort einbauen wollen) eine Platzverteilung erreichen, die jedem Gerät genügend Freiraum lässt.

Nach der Wichtigkeit würde ich folgende Reihenfolge festlegen: Kompass, Speedometer,

Echolot, GPS-Handgerät, elektronische Seekarte, Windmessanlage, UKW-Anlage, Kurz-/Grenzwellenempfänger und je nach Fahrtgebiet eine Radaranlage.

Neben dem Kompass ist der Speedometer das wichtigste Navigationshilfsmittel. Wir zeigen anhand einer elektrischen VDO-Anlage, was beim Einbau im Vorschiffsbereich zu beachten ist.

Ebenso einfach lässt sich ein Blitzableiter verlegen, wenn man den Einbau rechtzeitig plant und durchführt, also in einer Bauphase, in der die Kajüteinrichtung noch nicht vorhanden ist.

Die notwendigen Kabel der einzelnen Geräte sollten grundsätzlich in vorher angebrachten Leerrohren verlegt werden. »Fliegende Leitungen« in einer Yacht sind nicht nur unschön, sondern auch gefährlich. Nie dürfen Leitungen in den Stauräumen ungeschützt verlaufen, wo sie von umherrutschendem Staugut abgerissen werden könnten. Auch sind elektrische Kabelverbindungen überall dort zu vermeiden, wo später einmal Wasser oder Wasserdampf einwirken könnte (Bilge, Ankerkasten, Stauraum achtern). Bis auf das UKW-Gerät, das direkt mit einer separaten Sicherung am Akku angeschlossen wird, verlaufen alle anderen Leitungen über das zentrale Sicherungspanel.

1 Mittschiffs, etwa einen halben Meter vor der Kielvorderkante, soll der Schaufelradgeber für den Speedometer installiert werden. Achten Sie darauf, dass der Geber nicht im Bereich der Gurte für das Kranen installiert wird. Hier ist eine möglichst verwirbelungsfreie Anströmung gewährleistet. Mit einem Filzschreiber wird der Durchmesser angezeichnet.

2 Entweder mit einem Topfschneider oder mit einem gebohrten Lochkreis wird der Durchbruch grob herausgearbeitet. Schiffsbodendicken von bis zu zwanzig Millimetern sind keine Seltenheit.

3 Das Mittelstück kann, nachdem die Stege nur noch wenig Widerstand bieten, mit einem Hammer herausgeschlagen werden.

4 Mit einem Zylinderfräser (gespannt in eine Bohrmaschine) wird die Öffnung sauber ausgearbeitet, bis der Geber gerade hindurchpasst (etwa ein Millimeter Spiel).

5 Der Flansch wird mit Silikonmasse eingestrichen und – nachdem die Ränder staubfrei gemacht worden sind – von unten durchgesteckt.

6 Zunächst wird von oben der weiße Gummidichtring aufgelegt. Dann zieht man die Flügelmutter von Hand fest, bis die Silikondichtungsmasse gut sichtbar seitlich austritt.

7 Jetzt kann der Impellerkörper von oben eingesteckt und mit der Überwurfmutter befestigt werden.

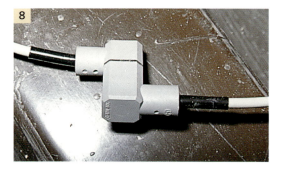
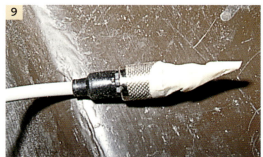
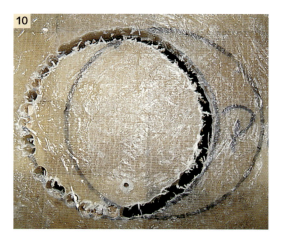

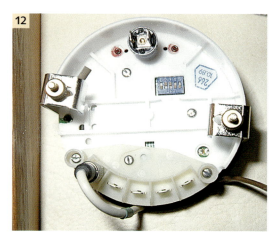

8 Die Verbindung der Zuleitung zwischen Geber und Anzeigegerät ist zwar wasserdicht, man sollte sie aber dennoch nicht direkt im Bilgebereich verlegen.

9 Bevor man das Kabel vom Impeller zum Anzeigegerät verlegt, sollte die Steckverbindung mit Tape vor Beschädigung und Staub geschützt werden.

10 Der Durchbruch für das Anzeigegerät wird von außen nach innen gebohrt, damit das Gelcoat nicht abspringen kann (hier im Bild die Innenseite).

11 Auch dieser Durchbruch wird mit dem Zylinderfräser auf den gewünschten Durchmesser gebracht. Das Gerät sollte etwa zwei bis drei Millimeter Luft an den Seiten haben.

12 Mit den Spannbügeln wird das Gerät nach innen gezogen und damit der Flansch gegen die Außenhaut gepresst.

13 Eine Gummidichtung zwischen Gehäuseflansch und Außenhaut übernimmt die wasserdichte Verbindung. Zusätzliches Silikon ist bei glattem Untergrund nicht notwendig. Nur wenn die Auflagefläche uneben ist, kann man mit Dichtungsmasse ausgleichen.

14 Keine Yacht sollte sich 230 Volt an Bord holen, ohne einen Fehlerschutzschalter zu installieren. Diese »Sicherung« unterbricht sofort den Stromkreislauf, wenn Fehlerströme (zum Beispiel durch defekte Isolierungen, Leitungen) auftreten. Alle 230-Volt-Verbraucher an Bord werden erst hinter diesem Schalter angeschlossen. *Lassen Sie Ihre Installation von einem Fachmann überprüfen!*
In diesem hier gezeigten Gerät für die Schottmontage sind neben dem Fehlerschutzschalter noch eine Schuko-Steckdose und die Bedienung des Ladegerätes untergebracht.

15 Für den Landstrom sollte man nur noch zugelassene (Feuchtraum-)Stecker und Steckdosen nach der CE-Norm verwenden. Diese Teile bekommen Sie in jedem gut geführten Baumarkt. Die E-Anlagen in den Marinas werden auf diese Norm umgestellt oder haben bereits die CE-Norm. Auch hier gilt für

die Installation an Bord: Nur nach fachgerechter Anleitung arbeiten und die Anlage von einem Elektro-Fachmann abnehmen lassen! Unter Deck sind noch normale Schutzkontakt-Stecker möglich.
Wer nicht die nötigen VDE-Fachkenntnisse besitzt, der installiert nur die mechanischen Anschlüsse und lässt die elektrischen Anschlüsse vom Fachmann machen.
Achtung: Immer VDE-Vorschriften oder gleichrangige nationale Vorschriften einhalten!

Gewitterschutz:

Blitzableiter und Erdung

Es kommt zwar selten vor, dass Blitze in Yachten einschlagen, aber wenn es dann doch passiert und die Yacht hat keinen wirkungsvollen Ableiter, muss man mit erheblichen Schäden rechnen. Die Crew ist dabei ebenso gefährdet wie das Schiff.

Nur wer schon ein paarmal im Gewitter gesegelt ist oder wer schon einmal einen Blitzeinschlag gesehen hat, der kann die Wichtigkeit dieser Installation ermessen. Laut Statistik ist ein Blitzeinschlag auf einer Segelyacht eher unwahrscheinlich, aber dem Betroffenen hilft es wenig, wenn er weiß, dass viele andere das eben gerade niedergehende Gewitter schadlos überstehen – wichtig ist immer nur der Einzelfall.

Und gemessen an der Arbeit, die man beim Selbstausbau für einen wirkungsvollen Blitzschutz aufwenden muss, sollte man die Installation nicht lange hinauszögern. Schwierig wird nur eine spätere Installation, wenn die Einbauten schon alle im Rumpf sind. Zur Verbindung der einzelnen Beschläge eignen sich am besten Kupfer-Flachleitungen, wie sie als Massebänder aus der Kraftfahrzeugindustrie bekannt sind. Diese Flachkabel sind besonders flexibel und lassen sich daher sehr gut verlegen. Die jeweiligen Endstücke der Leitungen erhalten passende Kabelschuhe, die mittels der Klemmverbindung verbunden werden.

Yachten aus nichtmetallischen Werkstoffen (Holz, GFK) und metallischem Rigg, die einen untergebolzten Metallkiel haben, werden wie folgt »geerdet« (oder besser »gewassert«):

Unter Deck werden verbunden: Vorstag, Püttinge, Achterstag, Reling und Mast. Auf möglichst kurzem Wege werden diese Leitungen

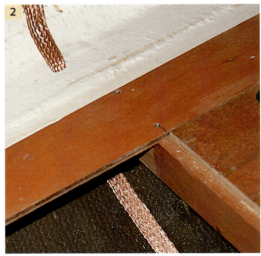

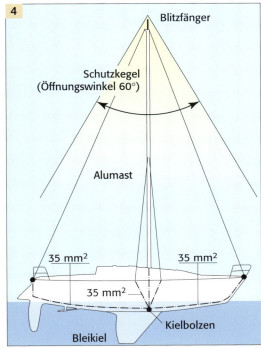

zum Kielbolzen verlegt. Masten, die durchs Deck gehen, werden direkt mit dem Kielbolzen verbunden.

Yachten mit eingelegtem Ballast müssen eine große Erdungsplatte aus Kupfer von zirka 0,3 bis 0,5 Quadratmeter Fläche haben, da der eingelegte Ballast natürlich nicht als Erdung genutzt werden kann.

Im Falle eines Blitzschlags besteht die Gefahr eines Überschlags beziehungsweise einer induktiven Beeinflussung auf alle elektrischen und elektronischen Anlagen, die sich in der Nähe der Blitzschutzanlagen befinden. Sie können dadurch zerstört werden. Diese Gefahr lässt sich weitgehend ausschalten, wenn ein konsequenter Potenzialausgleich hergestellt wird. Dazu müssen die metallischen Gehäuse aller elektronischen Geräte untereinander und mit einer Blitzableitung metallisch verbunden werden. In den Potenzialausgleich sind Motor, Brennstoff- und Wassertanks aus Metall einzubeziehen. Der Querschnitt dieser Potenzialausgleichsleitungen soll aus mindestens 35 mm^2 Kupfer bestehen.

Bei Wanten oder Stagen, die als Antenne verwendet werden, müssen oben und unten je zwei Isolatoren eingebaut werden, deren gegenseitiger Abstand mindestens 0,5 m betragen muss.

1 Der Blitzableiter: Von den Rüsteisen (die mit den Wanten verbunden sind) wird eine Kupferleitungsverbindung zum Kielbolzen hergestellt.

2 Flach an der Außenhaut anliegend wird die Kupferleitung zum Kielbereich verlegt. Wenn nötig, kann man die flache Leitung auch ankleben (Pattex oder Ähnliches).

3 Hier laufen alle Leitungen zusammen. Im Idealfall sind Vorstag, Achterstag, Oberwanten, Mast und Reling am Kielbolzen geerdet.

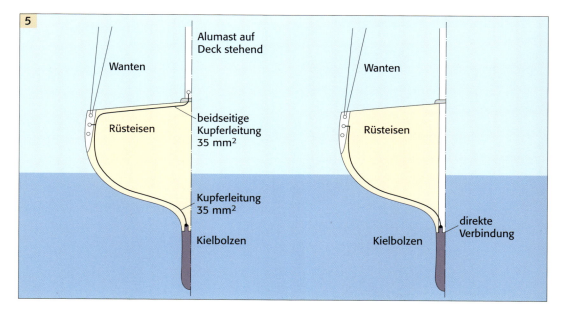

4 Optimaler, auch noch nachträglich einzubauender Blitzschutz einer GFK-Yacht: Mast und alle Stagen und Wanten sind zum Kiel hin fallend mit Kabel ausreichenden Querschnitts verbunden. Es entsteht ein imaginärer schätzender Kegel.

5 Kabelverlegung für eine Blitzschutzanlage: Probleme bringt der auf Deck stehende Alumast (Zeichnung links). An Backbord- und Steuerbordseite führt man ihn auf den Kielbolzen oder auf Erdungsplatten links und rechts vom Kiel.

Der gute Ton:

Schallisolierung des Motorraumes

Segler kommen nicht selten – wenn auch widerwillig – in die Situation, den Jockel anwerfen zu müssen. Sei der Grund Flaute oder mangelnde Höhe am Wind. Was auch immer, erfreulich ist das Gepolter aus dem Maschinenraum nie. Ist dazu das Aggregat noch unzureichend gekapselt und schlecht isoliert, kann die ersehnte Erholung an Bord ins Gegenteil umschlagen. In diesem Kapitel zeigen wir Ihnen, wie Sie Ihrem Motor das Flüstern beibringen können – auf weiche Art.

Der Motor einer Segelyacht ist in aller Regel ein untergeordneter Punkt bei der Konzeption. Der Konstrukteur bezeichnet zwar die genaue Einbau-Lage zwecks Schwerpunktbestimmung, der spätere Einbau aber und die Isolierung bleiben den Werften überlassen. So kann es kommen – viele Tests haben das leider bewiesen –, dass bei der Isolierung der Rotstift angesetzt wird. Außerdem ist dieser Mangel beim Kaufentscheid während einer Bootsmesse ja auch nicht für einen neuen Eigner zu erkennen. Erst später nach dem Stapellauf kommt das »Unerhörte« zu Tage. Hat man einen derartigen Brüller oder Heuler erstanden, dann bleibt nur noch die nachträgliche Isolierung, zu der man eine ganze Reihe von verschiedenen Isoliermatten einsetzen kann.

Doch zunächst etwas Grundsätzliches zur Geräuschentwicklung und -bekämpfung an Bord. Schon beim Einbau kann man Maßnahmen treffen, die den Geräuschpegel erheblich herabsetzen.

Da ist zunächst die Lagerung der Maschine und ihrer Zusatzaggregate. Grundsätzlich ist eine weiche Lagerung anzustreben, das heißt, zwischen Maschinenfundament und Motor fangen Gummiteile, auch Schockabsorber genannt, die Vibrationen auf. Auf diese Weise wird der *Körperschall*, das ist der Schallanteil, der durch mechanische Bauteile auf das gesamte Schiff verteilt wird, erheblich reduziert. Ist der Motor dagegen starr mit dem Fundament verbunden, kann es vorkommen, dass der Rumpf zu einem Resonanzkörper wird und eine Geräuschdämpfung so gut wie unmöglich ist. Leider zwingen einige Wellenanlagen zur starren Motorlagerung, insbesondere bei langen Wellen mit doppelter, starrer Lagerung.

Der Auspufftopf sollte, wenn möglich, auf Gummielementen sitzen, damit auch hier der Körperschall nicht weiter übertragen werden kann.

Die in den letzten Jahren immer mehr in Verbreitung gekommenen Saildrives haben in dieser Hinsicht einen besonderen Vorteil. Zu dem werftseitig einfachen Einbau kommt noch die vorteilhafte Lagerung: Motor, Getriebe und Wellenanlage bilden eine Einheit und werden von einem integrierten Schockabsorber getragen. Verständlich, dass hier die Körperschall-Übertragung besonders gering ist.

Doch zu dem eben erwähnten Körperschall kommt noch der *Luftschall*, den es durch geeignete Maßnahmen zu verringern gilt. Diese Schallwellen treffen auf die Maschinenraumwände und müssen dort absorbiert, das heißt in eine andere Energieform umgewandelt werden. Das geschieht vorzugsweise durch offenporige Materialien mit einer möglichst unebenen Oberflächenstruktur. Zum einen wird dadurch der Schall gebrochen, zum anderen die Oberfläche zum Eindringen der Schallwellen vergrößert.

Beim Körperschall und beim Luftschall spricht man jeweils von zwei verschiedenen Schallreduzierungs-Methoden: der Schall*dämmung* und der Schall*dämpfung*.

Bei der *Dämmung* geht es um die Verwendung geeigneter Bauteile wie Gummi-Elemente bei den Fundamenten oder festen Wänden bei den Maschinenräumen. Bei der *Dämpfung* dagegen sollen Entdröhnungsmaterial beim Körperschall und absorbierende Schichten beim Luftschall die Schallenergie aufzehren. Somit haben wir es praktisch mit vier Faktoren zu tun, die es heißt in den Griff zu bekommen.

Anmerkung zur Verlegung

Bei der Mehrzahl der Hersteller wird zur Verarbeitung ein Einkomponenten-Kleber angeboten, der, beidseitig aufgetragen, nach kurzer Antrocknungszeit zusammengedrückt wird. Der Nachteil bei dieser Methode: In engen Motorräumen muss gut gelüftet werden, damit das Lösungsmittel schnell verdunsten kann. Für spezielle Fälle gibt es aber auch lösungsmittelfreie Kleber auf Anfrage bei den Anbietern.

Anders gelöst hat die Firma Bukh das Problem. Die Matten haben auf der Rückseite eine Klebeschicht, sind somit nach dem Entfernen der Schutzfolie selbstklebend. Wenn auch eine Haftprobe nach kurzer Klebezeit enttäuscht, kommt man nach längerer Abbindezeit zu einem sehr zufrieden stellenden Ergebnis.

Sollten Sie sich zum Auskleben Ihres Motorraums entschließen, denken Sie an folgende Grundregeln:
- Möglichst alle erreichbaren Flächen bekleben.
- Alle Ritzen und Spalten sorgfältig abdichten.
- Nicht Bereiche der Bilge bekleben.
- Nicht in der Nähe von heißen Maschinenteilen einsetzen.

Wenn diese Hinweise beachtet werden, lernt auch Ihr Jockel das Flüstern.

1 Die Noppen-Matte aus schwer entflammbarem Kunststoff der Firma Bukh/Bremen hat auf der Rückseite eine selbstklebende Schicht, die zunächst mit einer dünnen Folie geschützt ist. Diese Folie wird erst nach dem ganz genauen Zuschnitt abgezogen.

2 Beim Aufkleben der Matte muss der richtige Sitz auf Anhieb passen. Ein Verschieben oder eine Korrektur ist anschließend nicht mehr möglich. Der Untergrund (Holzfläche) muss sauber, fettfrei und trocken sein. Diese Verklebung mit selbsthaftendem Rücken ist wesentlich einfacher zu machen als mit lösungsmittelhaltigen Klebern.

Bordelektrik:

Stromlauf und Leitungen

Das Kabelsystem
Der Einbau der Kabel erfolgt an Bord von Kunststoffyachten vorzugsweise in einlaminierten Kabelkanälen oder nachträglich eingezogenen PVC-Rohren. Auch hohle Längsstringer kann man zur Kabelverlegung benutzen. Zu überlegen ist in diesen Fällen, ob man Kabel verwendet, beispielsweise HO7RN-F, oder, wie in der Auto-Elektrik, einadrigen Leitungen (HO7V-K) den Vorzug gibt. Für Yachten bis zu zirka 10 Meter Länge bietet sich letztere Lösung an, wenn man für die Rückleitung (Minus) verschiedener Stromkreise eine gemeinsame, dementsprechend dickere Leitung verwenden will. Auf größeren und auf Holz- und Metallbooten werden Kabel auf Kabelbahnen eingebaut und mit Schellen oder Spannbändern in ungefähr 20 bis 30 Zentimetern Abstand befestigt, sodass sie durch die Bewegungen des Schiffes nicht verschoben und durch Scheuern nicht beschädigt werden können.

Jede an Bord vorhandene Verdrahtung sollte zweipolig ausgeführt werden. Die Benutzung des Metallrumpfes als Rückleiter bringt undefinierte Übergangswiderstände und fördert eine Korrosion an Rumpf und Propeller durch das Bordnetz. GFK-Rümpfe sind von solcher Körperrückleitung betroffen, wenn es um die Motorelektrik geht, die der Hersteller oft einpolig ausführt.

Gelegentlich treten auch hier Korrosionsschäden an Propeller und Wellenbock auf. Meist schützt dagegen eine Isolierung des Propellers vom Motor durch eine isolierende Kupplung.

Die Schalttafel ist Angelpunkt aller kommenden und wegführenden Kabel. Sie sollen, wenn eine weitere Verzweigung nötig wird, in Abzweigdosen genügender Größe enden. Eine übersichtlich verdrahtete Verteilerdose verhindert Störungen durch schlechte Klemmenverbindung und trägt ebenfalls zur schnellen Fehlerfindung bei.

Allgemein ist die beste Kabelverbindung an Bord die Klemme. Anreihklemmen mit korrosionsfreien Schrauben haben sich bewährt. Lötverbindungen an Kabeln sind unbedingt zu vermeiden, da sie abbrechen. Bei Verwendung von Kabelschuhen sollten nur Quetschverbinder benutzt werden. Yachtausrüster sind inzwischen auch darauf eingerichtet. Gleichströme erzeugen Magnetfelder, die den Magnetkompass zu Missweisungen veranlassen. Diese Fehler seiner Anzeige sind nicht zu kompensieren, da sie abhängig sind von der Stärke des fließenden Stromes (etwa elektrische Schotwinde unter Last oder im Leerlauf) und natürlich davon, ob überhaupt eingeschaltet ist oder nicht. In jedem Fall müssen Kabel in gebührendem Abstand von Kompassen, von denen Fluxgate-Systeme nicht ausgenommen sind, verlegt werden. Für ein Kabel, das 10 Ampere führt, sollte man einen Abstand von 0,8 Metern einkalkulieren. Für elektrische Zuleitungen an Magnet-Systemen, wie zur Kompassbeleuchtung, sind die Adern, die Zu- und Rückstrom führen, zu verdrillen.

Neben einer zweipoligen Verlegung ist oft auch eine ausreichende Erdung nötig sowie die elektrische Verbindung von korrosiv gefährdeten Teilen mit einer Schutzanode. Die Zeichnung zeigt das Prinzip einer Kombination von Blitzschutz-/Korrosionsschutz-Anlage und zweipoliger Kabelverlegung.

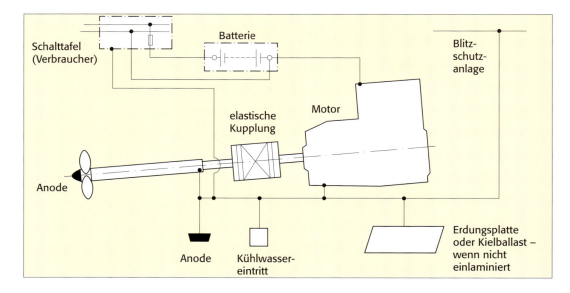

Kabelquerschnitte

Damit Kabel und Leitungen sich (durch den Stromfluss) nicht unzulässig erwärmen, müssen ihre Querschnitte den Stromstärken der Verbraucher angepasst und entsprechend abgesichert werden. In der Schalttafel übernehmen Sicherungsautomaten diese Aufgabe. Die zulässigen Belastungen für die verschiedenen Kabelquerschnitte und die Nennstromstärken ihrer höchstzulässigen Absicherung entnimmt man am besten Tabellen, die der Germanische Lloyd (GL) erarbeitet hat. Diese Werte basieren auf einer Umgebungstemperatur von 45 °C und liegen deshalb niedriger als in der Hausinstallation, wo von einer Umgebungstemperatur von 25 °C ausgegangen wird. Als zulässige Leitertemperatur wurde dazu 60 °C festgelegt, was wichtig ist, da metallische Leiter einen positiven Temperaturkoeffizienten besitzen:

Genormter Leiterquerschnitt	Einleiterkabel		Zweileiterkabel		Drei- und Vierleiterkabel	
	Höchstzul. Belastung	Nennstromstärke	Höchstzul. Belastung	Nennstromstärke der Sicherung	Höchstzul. Belastung	Nennstromstärke der Sicherung
mm²	A	A	A	A	A	A
1,5	12	10	10	10	8	6
2,5	17	16	14	10	12	10
4	22	20	19	16	15	16
6	29	25	25	25	20	20
10	40	36	34	36	28	25
16	54	50	46	36	38	36
25	71	63	60	63	50	50
35	87	80	71	63	61	63
50	106	100	88	80	73	63
70	135	125	110	100	94	80

Tabelle zur Bestimmung des Leiterquerschnitts für verschiedene Nennstromstärken. Die Sicherung ist immer kleiner als die zulässige Belastung.

Weitere wichtige Hinweise und Detaillösungen finden Sie ausführlich dargestellt in dem Buch *Yachtelektrik* von Joachim F. Muhs (Delius Klasing Verlag GmbH, Bielefeld).

1 Die einzelnen Verbraucher werden an Klemmleisten zusammengeführt und verteilt. Dazu nimmt man diese Systemklemmleisten. Auf eine Grundschiene kann man die einzelnen Klemmelemente aufstecken – die Anzahl kann je nach Bedarf beliebig gewählt werden.

2 Die Grundausstattung auf der Klapptafel mit Scharnier an der Unterseite: Automaten-Sicherungen mit Schaltern und Leuchtdioden, Echolot, Spannungsanzeige und Heizungsfernbedienung. Noch ist genügend Platz für UKW, GPS und Radio. So gestaltet, kommt man zur Installation oder Inspektion leicht an die Rückseite heran.

116 | STROMLAUF UND LEITUNGEN

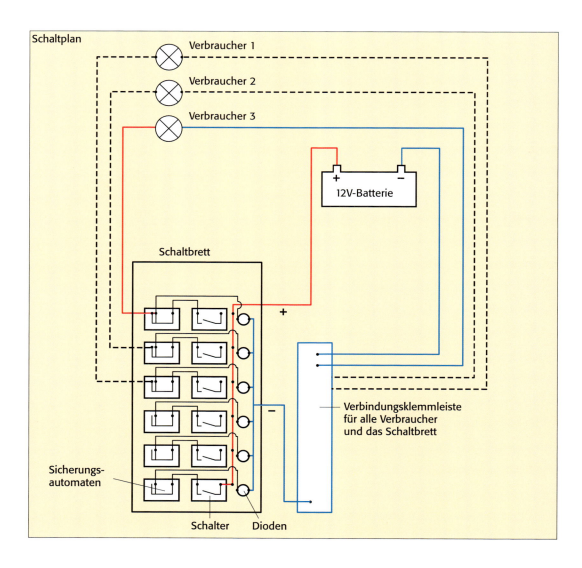

Perfekter Glanz

Lackierungen

Von einer gelungenen Lackierung hängt es ab, ob Sie sich später in Ihrer Yacht wohl fühlen, denn die perfekte Lackschicht ist der wohl wichtigste Bestandteil der Optik.

Zwei Arten der Lackierung stehen beim Ausbau einer Yacht an: die Versiegelung der GFK-Flächen mit Topcoat und die Behandlung der Holzoberflächen mit Klarlack.
Die Behandlung der GFK-Flächen verlangt zwar auch Sorgfalt, aber eine »Tropfnase« im letzten Winkel des Stauraumes springt nicht immer gleich ins Auge und ist noch entschuldbar. Hat aber die Salontür derartige Verarbeitungsmängel, dann macht man damit den schönsten Holzausbau zunichte. Ich möchte an dieser Stelle keinen Hinweis auf eine bestimmte Lacksorte oder Marke geben. Gute Lacke für den Innenbereich können Sie beim Schiffsausrüster wie beim Baumarkt kaufen. Eine Probelackierung stellt klar, ob Sie mit dem Verlauf und der Deckkraft des Lackes zufrieden sind. Erst dann kaufen Sie größere Mengen nach. Die Frage nach Glanzlack oder Mattlack muss jeder für sich beantworten, nur eines ist zu bedenken: Eine gut aussehende Hochglanzlackierung verlangt eine sichere Hand und viel Schleifarbeit. Mit einer Mattlackierung kommen Sie schneller ans Ziel.

1 Mit einem guten Schliffbild fängt alles an. Natürlich kommt man an einem Handschliff nicht vorbei, aber ohne gute Maschinen ist kein Bootsbau in vernünftiger Zeit zu machen. Wenn Sie sich Geräte anschaffen, beachten Sie: Keine Billigprodukte, das zahlt

sich nicht aus. Markengeräte sollten viele Einstellmöglichkeiten haben. Die Drehzahl muss unbedingt variabel sein, und jedes Gerät muss mit einem Staubfangbeutel versehen sein. Besser noch man verbindet das Gerät mit einem Industrie-Staubsauger.

2 Augen auf, aber geschützt! Achten Sie bei allen Arbeiten auf Ihre Gesundheit. Die Augen sind besonders gefährdet – daher eine Schutzbrille tragen, besonders bei Über-Kopf-Arbeiten. Beim Schleifen und Lackieren auch immer für gute Lüftung sorgen. Zum Beispiel mit einem großen Ventilator, oder noch besser: Sie saugen die Luft aus dem Schiff ab.

3 Bei groben Arbeiten kann man die Hände sinnvoll mit Arbeitshandschuhen schützen. Auch wenn man sich immer wieder dagegen sträubt – bei Lackier- oder Laminierarbeiten ist es jedoch sehr sinnvoll, denn das Reinigen der Hände mit Azeton oder Lösungsmittel ist sehr schädlich. Also lieber vorbeugen und diese preiswerten Handschuhe des Öfteren erneuern.

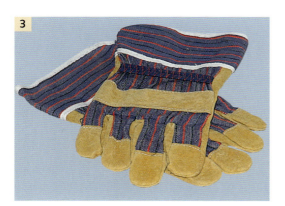

4 Ein Polyester-Spachtel ist nicht mehr wegzudenken aus dem Bootsbau. Er wird mit und ohne Glasfasern geliefert: Ohne Glasfasern für dünne Schichten, um Flächen zu glätten, mit Glasfasern für dicke Schichten und tragende Bauteile. Durch die Glasfasern wird eine höhere Strukturfestigkeit erreicht. Harz und Härter werden kurz vor Gebrauch angemischt. Nach zwei Stunden sind die Bauteile schleifbar (je größer die Wärmezufuhr, desto kürzer die Aushärtzeit).

5 Lacke und Öle: Für den Innenbereich würde ich stets Lackierungen empfehlen, weil sie nicht so stark der Feuchtigkeit ausgesetzt sind. Im Außenbereich bieten sich drei Alternativen an: Entweder traditionell mit Einkomponenten-Bootslack – leicht zu verarbeiten, elastisch, mittlere Lebensdauer. Oder Zweikomponenten-Lacke – etwas schwieriger zu verarbeiten, sehr hart, wenig elastisch, lange Lebensdauer. Oder Holzöle, die mit 10 bis 20 dünnen Schichten einen robusten Film bilden, der von Wasser nicht mehr unterlau-

fen werden kann; dies ist auch einfach nachzubessern. Viele Werften sind bereits auf diese Methode umgestiegen.

6 Verdünnung und Reiniger: Man muss sie einfach haben – zum Reinigen und Entfetten. Man sollte sie aber immer sparsam einsetzen und die Gebinde verschlossen halten, da sie sehr flüchtig sind. Beim Arbeiten in Innenräumen stets sehr gut lüften – Explosionsgefahr –, und nie offene Flammen in der Nähe halten! Schon ein heißer Bohrer kann Lösungsmittel entzünden.

7 Spachtelwerkzeuge aller Art: Grundsatz: Je feiner die Spachtelschicht, desto dünner die Spachtelklinge. Für große Flächen nehmen Sie die Stahlklinge (die man auch zum Entfernen alter Farbschichten nehmen kann). Für feine Arbeiten, besonders auf gewölbten Untergründen, nehmen Sie die Kunststoffspachtel. Die Spachtel immer sofort (!) nach dem Gebrauch säubern, sonst bekommt man sie nicht mehr richtig sauber.

8 Tapes und Filme: Auch hier gilt: Je feiner die Arbeit, desto dünner der Film. Am Wasserpass kann man mit breitem Krepp arbeiten, unter Deck, bei der Feinlackierung, aber nur dünne Filme einsetzen. Generell gilt: Nicht zu früh, aber so früh wie möglich den Film abziehen, damit er rückstandsfrei abgezogen werden kann. Wer erst nach einer Woche den Film abzieht, wird viel Kleberanteil auf dem Untergrund zurücklassen.

9 Vor jedem Lackauftrag muss die Oberfläche absolut frei von Staubpartikeln und gleichmäßig angeschliffen sein. Zwischen dem Schleifvorgang und dem Lackauftrag mindestens eine Stunde vergehen lassen, damit sich der Staub aus der Luft am Boden absetzen kann.

10 Die Niedergangsstufe aus Teak. Teak ist in diesem Bereich besser geeignet als Mahagoni. Hier ist immer mit Feuchtigkeit und hoher mechanischer Belastung zu rechnen. Auch wenn die Holzfarbe nicht ganz stimmt: Eine lackierte Mahagoni-Stufe wäre hier falsch am Platz.

11 Die fertige Trittstufe – leicht geölt. So bleibt sie rutschfest, hat noch eine raue Oberflächen-Struktur und ist damit trittsicher. Je nach Verschleiß kann man mehrmals in der Saison aus optischen Gründen nachölen. Aber keine zu dicke Schicht auftragen, denn

sonst verliert sich die Rutschfestigkeit, und man müsste die Stufe abziehen.

12 Frisch lackiertes Mahagoni-Holz wirkt zuerst »sehr bunt« – helle und dunkle Partien wechseln sich ab. Erst bei späterer UV-Bestrahlung (zirka eine Saison) gleichen sich die Farbtöne einander an, und das Gesamtbild wird ruhiger.

13 Hier ist deutlich zu erkennen, wie unterschiedlich die Holzfarbe erscheint, wenn noch kein Lack aufgetragen ist. Daher immer die Lackprobe machen, bevor Sie Hölzer zusammenfügen.

14 Nach dem ersten Lackauftrag lässt sich erkennen, ob die Hölzer farblich zusammenpassen. Durch weitere Lackschichten verändert sich die Farbe nur noch unwesentlich.

15 Jede Holzart reagiert unterschiedlich. Hier ist die Farbveränderung besonders stark. Eine Probe ist daher unumgänglich.

16 Die Decke im unlackierten Zustand – das Holz wirkt fast »pappig«, weil keine Tiefe der Maserung zu erkennen ist.

17 Schon nach der ersten Lackierung kommen die angenehmen Holzfarbtöne zur Geltung. Für den Zwischenschliff sollte man einen Schleifschwamm verwenden, um in die Rillen zu gelangen.
Während und nach jeder Lackierung gut lüften!

Bodenbelag:

Teppich nach Schablone

Eine Yacht wird meiner Meinung nach erst so richtig gemütlich, wenn im Salon der Fußboden durch einen farblich abgestimmten Teppich bedeckt wird.

Regattayachten und Charteryachten sind sicherlich besser ausgestattet, wenn man einen reinen Holzfußboden vorsieht – entweder aus Sperrholz oder aus Stabsperrholz. Diese Böden lassen sich leicht sauber halten und pflegen. Will man aber etwas mehr Gemütlichkeit und Wärme im Salon, dann sollte man diesen Bereich mit einem Teppich auslegen, der in hohem Maße wasserfest und verrottungsfest ist. Das heißt, Naturfasern sind hier fehl am Platze.

Ich habe den Salonfußboden in zwei Bereiche unterteilt: Achtern, im Bereich des Niedergangs, wo man häufiger mit nassen Füßen steht und wo durch die Pantry doch hin und wieder Wasser spritzt, ist ein Stabholzfußboden. Und weiter vorn im Sitzbereich, unterhalb der Kojen, soll Teppich verlegt werden. Um ein befriedigendes Gesamtbild zu bekommen, ist es notwendig, den Teppich so genau wie möglich zuzuschneiden, damit weder unschöne Spalten noch Stauchungen entstehen. Da ein Salon nun aber eine sehr komplizierte Fläche darstellt, ist die Anfertigung einer Pappschablone unumgänglich, nach deren Fertigstellung dann erst der Teppich geschnitten wird.

Die Hilfsmittel: eine Leiste, eine scharfe Schere, ein Bleistift, Pappe und Tesaband. Die Pappe sollte etwa einen Millimeter dick sein und sehr glatt liegen.

1 Die einzelnen Pappstücke werden aneinandergeklebt und die Außenkanten so beschnitten, dass kein Luftspalt zwischen den Kojenseitenwänden und den übrigen Anschlagkanten entsteht.

2 Die fertig zugeschnittene Pappschablone wird auf die Rückseite des Teppichs gelegt und die Kontur mit einem Filzstift übertragen. Die geraden Kanten werden mit einem Teppichmesser, die Radien mit einer Schere ausgeschnitten. Der so gefertigte Teppich passt dann haargenau zwischen die Einbauten im Salon.

Durchblick:

Plexiglastüren

Zum Verschließen kleiner Schapps und Schränkchen eignen sich hervorragend Schiebetüren. Macht man sie aus Sperrholz, dann werden sie einfach aus einer entsprechenden Platte herausgeschnitten, geschliffen und lackiert. Bei Türen aus Plexiglas allerdings muss man ein paar wichtige Hinweise beachten.

Türen aus Plexiglas sehen gut aus, lassen sich leicht sauber halten, müssen nicht lackiert werden und können je nach Bedarf transparent oder farbig bestellt werden. Ich ziehe den Einsatz von transparenten Türen besonders im Pantrybereich vor, da man auch bei geschlossenen Türen schon von außen sehen kann, wo sich der Senf und wo sich der Gasanzünder befindet. Auch ist die Handhabung im Schrankraum leichter, weil immer genügend Licht vorhanden ist. Weißes Plexiglas habe ich aus optischen Gründen im WC-Schrank eingesetzt. Hier will man auch nicht unbedingt den Inhalt des Schrankes jedem Gast offenbaren. Die Bearbeitung von transparentem und farbigem Material macht kaum einen Unterschied. Sieht man einmal davon ab, dass man auf durchsichtigem Material noch schneller Schrammen sieht. Sorgfältiges Arbeiten ist also angesagt.

Je nach Türgröße nimmt man vier bis sechs Millimeter dickes Plexiglas. Die Führungsnut im Rahmen sollte dann immer etwa ein bis zwei Millimeter breiter sein – nicht mehr, sonst klappern die Türen zu stark in der Führung.

1 Loch- oder Kreisschneider – ohne sie kommt man nicht aus. Auch hier finden Sie große Preis- und Qualitätsunterschiede. Kaufen Sie nur Profi-Geräte, denn nur so ist gewährleistet, dass der Lochdurchmesser ganz genau stimmt. Ist er zu groß, fallen Ihnen die Holzringe vom Schiffsausrüster durch. Als Notlösung, wenn die Bohrung einmal etwas zu groß ist: Den Ring mit Tape umwickeln und das Ganze mit Epoxy einsetzen. Beim Bohren: Immer eine feste Unterlage benutzen, in die Sie hineinsägen können, sonst reißt die Schnitt-Unterkante aus.

2 Rotierende Abrichtscheibe: Dieses Werkzeug ist unentbehrlich. Von Hand können Sie keinen Ring einkürzen, ohne ihn zu beschädigen. Für alle feinen Schleifarbeiten an Stirnseiten ist die Schleifscheibe mit Abrichttisch (der Winkel ist einstellbar) wichtig. Sie wird angetrieben von einer handelsüblichen Bohrmaschine.

3 Hier sind transparente Türen gut angebracht. Zum Entfernen der Tür wird diese nach oben in den oberen Führungsschlitz geschoben und dann unten seitlich herausgeschwenkt.

4 Durch diese weißen Türen erhält man ein optisches Element und muss den Inhalt des Schrankes nicht sofort zeigen – im WC-Raum die bessere Lösung.

5 Es genügt eigentlich, wenn man die Fingerlöcher einfach mit Schmirgelpapier glättet. Besser sieht es aber aus, wenn man einen Fingerlocheinsatz aus Holz einklebt (mit Zwei-Komponenten-Kleber).

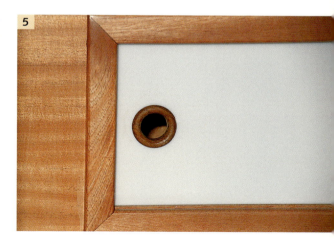

Meisterstücke:

Perfektes in Form und Farbe

Diese Meisterstücke habe ich auf verschiedenen Bootsausstellungen zusammengetragen, um einmal zu zeigen, wie die Profis Detaillösungen ausführen. Es wird nicht gleich auf Anhieb klappen, dass wir derartige Erfolge erzielen – doch Übung macht bekanntlich den Meister.

Jeder Designer, jeder Modeschöpfer lebt nicht in einem luftleeren Raum, im Gegenteil – Anregungen von Mitstreitern, von den Konsumenten und Tendenzen des Zeitgeschmacks sind Einflüsse, die sich im Design, in den Kreationen wiederfinden. Und ganz genauso ist es im Bootsbau – ohne den Blick nach links und rechts geht auch hier nichts. Ich habe mich auf den Messen nach besonders gelungenen Detaillösungen umgesehen, die nun aber nicht einfach kopiert werden sollen, sondern als Anregungen dienen können. Mit freundlicher Genehmigung der Werften Aphrodite/Schweden, Bootswerft Martin/Radolfzell, Conyplex/Holland, Grand Soleil/

1

Italien und Sätas/Schweden konnte ich diese Aufnahmen erstellen – im wahrsten Sinne des Wortes »Meisterstücke«.

1 Eine gelungene Deckengestaltung einer Segelyacht. Hier hat man den traditionellen Deckencharakter mit modernen Werkstoffen nachvollzogen. Das Mahagoni-Holz steht in einem guten Kontrast zu den hellen Flächen.

2 Auch der Kontrast zwischen heller Decke und den Einbauten aus dunklem Holz gefällt. Man sollte allerdings die hellen Flächen nicht »kalkig« weiß machen, sondern einen gebrochenen Farbton wählen.

3 Kontrast schafft Lebensfreude: Schon in der Planungsphase sollten Sie sich überlegen, wie die Gesamtoptik ausfallen soll. Lassen Sie sich beraten – fragen Sie beim Stoffkauf die Fachleute, welche Materialien und welche Farben zusammenpassen. Mit dunklen Polstern wäre dieser dunkle Holzsalon ein tristes Erscheinungsbild – so ist's gelungen.

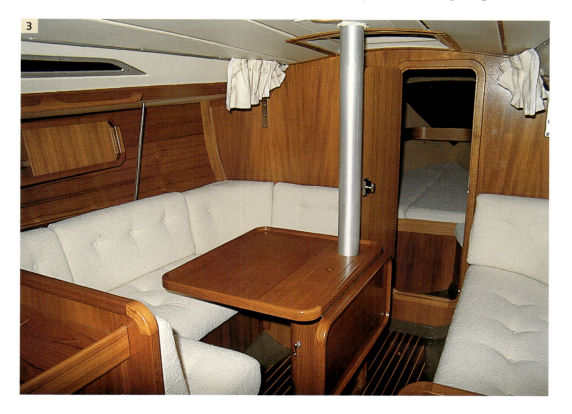

4 Eine runde Sache: Auch so kann man Püttinge unter Deck verkleiden. Runde Bögen wirken nicht so schwer und lassen sich relativ einfach herstellen.

5 Ein perfekter Handlauf. Dieses Detail ist nicht nur praktisch, sondern auch eine Augenweide für jeden Hobbybootsbauer. Auch die Holzfarbgebung ist gut ausgewählt.

6 Der Pfosten im Raum. Die hier gezeigte Lösung ist für den Einzelbau sehr aufwändig. Maschinell vorgefertigt, aber in kurzer Zeit montiert.

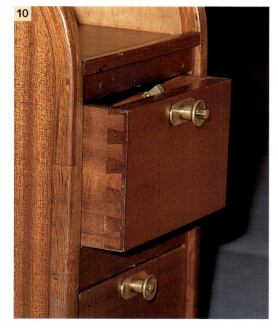

7 Eine komplizierte Ecke. Wenn hier nicht die Leisten absolut passgenau eingesetzt werden, sieht so eine Ecke abscheulich aus. Also – entweder solche Ecken vermeiden, oder ganz sorgfältig arbeiten.

8 Hier stimmt die Formgebung – aber die Farbgebung lässt noch zu wünschen übrig. Allerdings verschwinden die starken Farbkontraste im Laufe der Zeit durch die UV-Bestrahlung zum großen Teil.

9 Eine gekonnte Tür, die so aber nur maschinell gefertigt werden kann. Der Selbstbauer sollte diese Bauform umgehen.

10 Perfekt im Detail – Schubladen aus massivem Holz findet man leider nur noch selten. Oftmals sind die Kästen aus Kunststoff, und nur noch die Blende ist aus Holz.

Passende Garderobe:

Segeltuche – Segelschnitt

Wer einen Rumpf ausgebaut hat, steht am Ende stets vor der Frage nach der richtigen Segelgarderobe. Möglicherweise gibt es Standardsegel für seinen Bootstyp. Dann geht es jetzt nur noch um die Tuchqualität. Andernfalls muss man dem Segelmacher genaue Maße angeben, nach denen er die Segel anfertigt.

Mein persönlicher Rat: Wenn das Geld sehr knapp geworden ist gegen Ende der Bauphase (und ich habe noch keinen anderen Fall kennen gelernt), dann bestellen Sie nicht irgendwo Billigsegel, die dann nach kurzer Zeit aufgebraucht sind, sondern sehen Sie sich nach Gebrauchtsegeln um. Diese bekommen Sie oftmals sehr preiswert, und fürs erste Jahr tun sie es auch.
Wenn doch noch Geld für Neusegel vorhanden ist, dann mit der Beschaffung des Großsegels anfangen und den Rest nachordern.

Und lassen Sie sich möglichst viele Angebote von den Segelmachern (im Herbst ist es am günstigsten) erstellen, damit Sie sich für das beste Angebot entscheiden können.

PASSENDE GARDEROBE | **131**

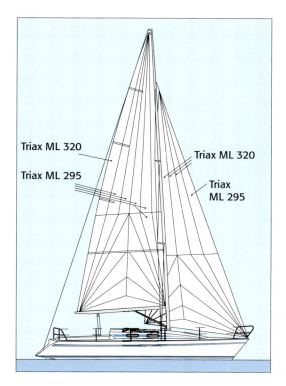

Ich habe mich für relativ teures Tuch entschieden – ein Triax-Tuch von Polyant, verarbeitet bei Diekow-Segel, das praktisch aus drei Schichten besteht. In der Mitte ist eine hochfeste Folie, die jeweils von jeder Seite durch eine Gewebeschicht verstärkt ist. Andere Kombigewebe sind natürlich auch möglich.

1 Das Segeltuch unter der Lupe: in der Mitte die hochfeste Folie, auf beiden Seiten die Gewebelagen, die wir hier für das Foto gewaltsam getrennt haben.

2 Moderne Segel auf einer modernen Fahrten-Yacht: Wem der Spi mit der kleinen Crew zu viel Arbeit macht, der kann auf den einfachen Gennaker zurückgreifen. Ein hochgezogener Segeltuch-Strumpf gibt ihn frei oder lässt ihn wieder verschwinden. Als »Wurst« wird das Segel gesetzt oder geborgen. Als Alternative dazu: Es gibt auch Gennaker, die man am losen Vorliek aufrollen kann; sie werden als Rolle gesetzt und geborgen.

3 Durchgelattet für Sparsame: Es muss nicht immer eine volle Durchlattung mit fünf oder mehr Latten sein. Mit einer vollen Latte im unteren Drittel des Großsegels kann man auch ein gutes Profil einstellen. Die hier auf dem Bild demonstrierten senkrechten Falten lassen sich mit mehr Lattenspannung leicht herausdrücken. Eine Latte bedeutet: weniger teure Beschläge am Mast, weniger Gewicht, weniger Gesamtkosten.

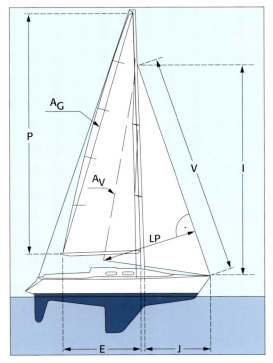

Diese Maße muss der Segelmacher für die Herstellung der Segel haben:

P   Großsegelvorliek . . . . m
A_G Achterliek, Großsegel . . . . m
A_V Achterliek, Vorsegel . . . . m
LP Schothorn bis Vorstag . . . . m
V   Vorliek . . . . m
E   Großsegel, Unterliek . . . . m
J   Vorderkante Mast bis Vorliek . . . . . m
1   Vorstagbeschlag bis Mastbeschlag . . m

Ebenfalls wichtig ist das Maß »K« – zwischen Masthinterkante und Auge am Baum.

4 Moderne Seilschaften: Alle Leinen werde nach achtern ins Cockpit geführt. Das schafft schnelle Bedienung und Sicherheit.

5 Kräftiger Lümmel: Der Lümmelbeschlag am Großbaum hat die Hauptlast zu tragen, nie unterdimensionieren, lieber eine Nummer größer wählen.

6 Mobiler Traveller: Muss sein auf einer Segelyacht; ohne ihn wird der Segeltrimm ganz stark eingeschränkt.

7 Luxus-Winschen: Dieses komplizierte Gerät wird später am meisten in der Praxis benutzt – wer hier bei der Anschaffung am falschen Ende spart, der zahlt später sicher drauf.

Wenn Sie für Ihr Boot keine Standardsegel nehmen wollen oder bekommen, dann müssen Sie Ihre »Garderobe« sehr genau vermessen, bevor Sie einen Auftrag an den Segelmacher vergeben. Dies ist besonders dann wichtig, wenn Sie auch das Rigg selbst gemacht haben und Ihnen kein Standardsegelplan zur Verfügung steht. Aus der hier abgebildeten Zeichnung können Sie exakt ersehen, welche Abmessungen für die

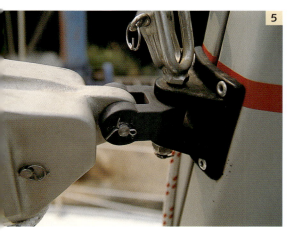

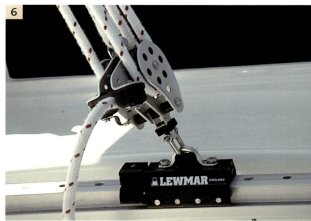

Segelbestellung unbedingt erforderlich sind. Und messen Sie lieber einmal mehr als zu wenig. Am besten Sie lassen jemand anders nachmessen und vergleichen anschließend die Ergebnisse. Wenn das Segel erst verschnitten ist, kann man kaum noch etwas retten. Und sprechen Sie mit Ihrem Segelmacher alle Details genau durch – die Segelherstellung ist sehr viel komplizierter als gewöhnlich angenommen wird. Sagen Sie Ihrem Segelmacher auch, wie schwer ihr (ausgebautes) Boot ist, denn auch das Bootsgewicht ist für den Segelkonstrukteur ein wichtiges Kriterium.

Yacht-Stabdeck:

Schick in Teak

Bekanntlich ist alle Theorie grau, wenn nicht die Praxis sich hinzugesellt. In 150 Arbeitsstunden habe ich eigenhändig das Deck einer Neun-Meter-Segelyacht belegt, Stab für Stab. Das Ergebnis kann sich sehen lassen. Zur Nachahmung am eigenen Schiff zu empfehlen.

Der erste Schritt: die Kalkulation

Wer sich entschließt, ein Teakdeck selbst zu verlegen, um somit aus einer »GFK-Schüssel« eine Yacht zu machen, der sollte sich im Klaren sein, dass der Zugewinn an Schönheit einen hohen Preis hat. Denn darüber sollte man keinen Zweifel aufkommen lassen: Sehr pflegeleicht ist ein Teakdeck im späteren Betrieb beileibe nicht – aber eben schön. In unserem Fall habe ich auf einer fünf Jahre alten Show 29 ein neues Deck verlegt.
Ich wollte nun einmal herausfinden, was man als Hobby-Bootsbauer durch Eigenleistung einsparen kann und inwieweit die Leistungen einer Werft in Anspruch genommen werden müssen.
Um es gleich vorweg zu sagen: Vorausgesetzt, man verfügt über einen vernünftigen Handwerker-Werkzeugsatz, sind alle Arbeiten, die bei der Verlegung anfallen, mit einigem Geschick selbst ausführbar. Im Grunde genommen ist das Ganze bei entsprechend guter Anleitung eine reine Fleißarbeit. Die äußeren Voraussetzungen: ein heller, trockener Arbeitsplatz, Temperaturen nicht unter 10 °C und 230-Volt-Stromversorgung.

Der Meister zeigt den richtigen Weg

Die fachmännische Beratung und Betreuung erhielt ich durch einen erfahrenen Bootsbaumeister, der in gleicher Halle das Deck eines 10-m-Seekreuzers fertig stellte. Ich hatte also

jederzeit »Anschauungsunterricht« ganz in der Nähe. Genau in chronologischer Reihenfolge werde ich alle Arbeiten beschreiben und aufzeigen, an welchen Stellen sich besondere Probleme ergeben. Eine der wichtigsten Vorarbeiten besteht darin, dass wir um die Yacht, um unseren Arbeitsplatz, eine Stellage aus kräftigen Brettern bauen, denn kniend auf dem Deck lässt es sich nur sehr mühsam arbeiten. Bei den reinen Holzarbeiten ging es notfalls noch, aber später, beim Verkleben der Stäbe, ist die Stellage unbedingt notwendig. Die Höhe der Stellage soll so eingerichtet werden, dass sich die Fußreling etwa in Bauchhöhe befindet. Dieser Laufgang ist eigentlich die einzige notwendige Vorarbeit. Generell sei es gesagt: Es genügt normales Handwerker-Werkzeug, Spezialgeräte sind nicht notwendig, bis auf den Dübel-Bohrer, der im Werkzeug-Fachhandel zu beziehen ist. Nachdem nun alle Beschläge an Deck, wie Püttinge und Rüsteisen, entfernt worden sind, kann man mit dem Glätten der Oberfläche beginnen. In meinem Falle habe ich das Deck mit einem Winkelschleifer, der mit Schrubb-Scheiben – 60er-Korn – bestückt war, geglättet und damit eine gut haftende und glatte Deckschicht geschaffen. Man sollte dabei darauf achten, dass die Gelcoatschicht nur ungeschliffen, aber nicht durchgeschliffen wird. Bei dieser Vorarbeit sollten alle nur möglichen »Hindernisse« entfernt werden, denn beim späteren Verlegen macht sich diese Vorarbeit mehr als bezahlt. Nichts ist schlimmer, als um stehen gebliebene Beschläge »herumzubauen«!

Ist das Deck nun glatt und sauber, kann mit der Planung begonnen werden – eine sehr entscheidende Vorarbeit. Zwei Möglichkeiten bieten sich generell an. Entweder lässt man die Stäbe parallel zur Fußreling verlaufen und legt die Buttung an den Kajütaufbau, oder aber man beginnt mit den durchlaufenden Stäben am Aufbau und legt die Buttung an die Fußreling. Es gibt hier keine eindeutige Regelung, es ist im Grunde eine Geschmacksfrage.

1 Auf dem Deck hatte zuvor ein Belag aus einem Kork-/Gummigemisch gesessen, der mit einem Zwei-Komponenten-Kleber verlegt worden war. Nach dem Abreißen des Belages verblieb der Kleber auf dem GFK-Deck.

2 Mit einem großen Winkelschleifer wurden alle Flächen bis auf die Gelcoatschicht heruntergeschliffen. Wenn nicht alle Kleberreste entfernt werden, kann es später zu Dichtigkeitsproblemen kommen.

3 Nach Möglichkeit sind alle Beschläge an Deck zu entfernen, denn nur dann kann man nachher die Stäbe sauber verlegen. Für die Bohrungen werden Schablonen angefertigt, wenn man später nicht von unten durchbohren kann.

4 Die abgelagerten Teak-Holzbohlen werden zunächst grob geschnitten, damit eine glatte Anlagekante entsteht. Das Holz hatte zuvor bei Raumtemperatur etwa drei Wochen gelegen und war zum Schnitt trocken.

5 Aus den Bohlen werden Latten geschnitten. Dabei muss darauf geachtet werden, dass beim späteren Auftrennen zu den Stäben die Jahresringe des Stammes möglichst senkrecht liegen.

6 Wenn die Jahresringe bei den Stäben nicht senkrecht liegen, kann es bei späterer Befeuchtung an Deck dazu kommen, dass sich die Stäbe aufwerfen und sich nicht wie gewünscht nur in horizontaler Richtung ausdehnen.

7 Aus den Latten sind jetzt die Stäbe geschnitten worden. Deutlich zu erkennen die fast senkrechten Jahresringe. Wenn sich die Stäbe beim Schneiden nicht verziehen, deutet das auf gutes Holz hin.

8 An der Fräsmaschine werden die Nuten geschnitten. Der Stab läuft bei automatischem Vorschub an den rotierenden Messern vorbei.
Es kommen nur Werkzeuge aus Hartmetall zum Einsatz. Normaler Werkzeugstahl würde bei Teak nicht lange halten.

9 Die fertigen Stäbe mit einem einseitigen Falz, der später immer den gleichen Abstand von einem Stab zum anderen garantiert. Man kann auch Stäbe mit beidseitigem Falz, doch mit halber Breite verwenden.

YACHT-STABDECK | 137

Nur ein Grundsatz sollte beachtet werden: Die Stäbe lassen nur eine bestimmte Krümmung zu; je breiter der Stab, desto schwieriger wird das Biegen. Hat die Yacht einen sehr starken »Bauch«, wie manche IOR-Konstruktionen ihn leider aufweisen, dann sollten die Stäbe parallel zum Aufbau verlegt werden. In unserem Falle zeigte ein Biegeversuch, dass die Rumpfkrümmung gerade noch eine außenbündige Verlegung zuließ. Hat man seinen Entschluss gefasst, kann mit dem Aufriss begonnen werden. Am einfachsten geht dies mit einer kleinen Pappschablone, die genau die Breite eines Stabes hat und etwa 40 Zentimeter lang ist. Mit einem dicken Filzstift werden die Striche gezogen. Wir zogen zunächst eine Linie parallel zur Fußreling im Abstand der Schablone. Jede weitere Linie wurde immer jeweils im gleichen Abstand gezeichnet. Wenn das Deck auf diese Weise unterteilt wird, sieht man genau, an welchen Stellen die Buttungen später liegen und wie breit die Leibhölzer sein müssen. Auch kann man schon so im Vorwege die Anschlüsse am Luk und am Ankerkasten sehen und kann sich in etwa ein Bild vom fertigen Deck machen. Es genügt in der Regel, wenn man eine Deckshälfte mit der Schablone aufteilt – doch Vorsicht: Nicht alle Yachten sind absolut symmetrisch gebaut. Ein Nachkontrollieren der Maße ist schon angebracht.

Zeitlich parallel zu diesen Arbeiten wurde in der Werfttischlerei das Teakholz ausgesucht und für die Aufteilung vorbereitet. Teakdeck-Leisten müssen immer so aus einem Stamm geschnitten werden, dass die Jahresringe – betrachtet man eine Hirnfläche des Stabes – möglichst senkrecht verlaufen, und zwar wegen der Ausdehnung des Holzes, wenn das Deck später nass wird. Liegen die Jahresringe senkrecht, dehnt es sich nur in Querrichtung, das Deck bleibt plan. Der Teakholz-Stamm wird zunächst in Bohlen aufgetrennt. Diese Bohlen werden zwischengelagert und anschließend daraus die Leisten gesägt. Es folgt der Abrichtgang und zum Schluss das Fräsen des Falzes. Wenn die Leisten fertig sind, werden noch diejenigen ausgesucht, die durch Astlöcher nicht in ganzer Länge brauchbar sind. Nach Möglichkeit sollten die Stäbe mindestens zwei Drittel der Schiffslänge haben, damit man mit einem Stoß pro Stab auskommt. Außerdem kann man so die Stöße auf dem Deck verteilen, sie fallen dann weniger auf.

10 Das wichtigste Werkzeug bei unserem Unternehmen. Auf eine handelsübliche Handbohrmaschine wird ein Rohr aus Kunststoff gesetzt, das als Andruckteil und als Endanschlag unentbehrlich ist.

11 Der Zapfenbohrer bohrt in einem Arbeitsgang das Loch für die Schraube und das Loch für den Teakpfropfen. Wichtig dabei, dass nach jedem Arbeitsgang die Späne entfernt werden.

12 Der Werkzeugsatz, nicht größer als bei einem Heimwerker: Schraubenzieher, Zollstock, Bleistift (weich), Raspel, Stecheisen, Handhobel – immer gute Qualität vorausgesetzt.

13 Die erste Arbeit an Deck. Mit einer Schablone werden die »Stäbe« aufgerissen; immer parallel zur Decksaußenkante. Danach folgt das Leibholz am Kajütaufbau. Die ersten Stäbe müssen ununterbrochen bis zum Steven durchlaufen, damit sie straken. Hier besonders genau arbeiten.

14 Den achteren Abschluss bildet ein kleines Querholz. Die Ecken werden auf Gehrung geschnitten. Die erste Buttung wird auf 1/3 Stabbreite eingearbeitet.

15 Die Eckverbindung des Leibholzes am Aufbau. Der Spalt bei der Gehrung muss genau Fugenbreite haben. Der Abstand der Bohrung zur Gehrung etwa 1,5 x Stabbreite.

YACHT-STABDECK | 139

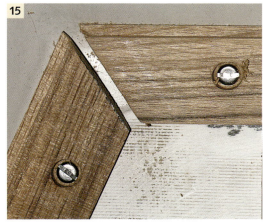

16 Der Stumpfstoß zweier Stäbe: Die Stäbe werden zunächst direkt aneinander geschraubt. Danach die Fugenbreite anzeichnen und mit dem Stecheisen die Nut freiarbeiten.

17 Das Pütting für die Oberwanten wird mit den Stäben eingearbeitet. Der Kunststoffteil wird später mit dem Winkelschleifer eingeebnet und mit einer Stahlplatte abgedeckt.

18 Bei den Relingsfüßen werden die Stäbe zunächst etwas länger herangearbeitet und aufgeschraubt. Danach parallel zur Fußkante eine Linie ziehen und die Stäbe auf die richtige Länge sägen; diese Arbeit aber nicht an Deck ausführen.

Der erste Stab gibt die Richtung an

Der erste Stab, der auf Deck fest verlegt werden sollte, war bei uns der vierte von außen, weil dieser Stab ohne Unterbrechung von achtern bis vorn durchläuft. Dies ist besonders wichtig, weil man nur so den Stab aufs Deck bekommt, ohne eine Schlangenlinie zu produzieren. Dieser erste Stab muss unbedingt straken, denn alle anderen Stäbe werden millimetergenau daneben verlegt. Wenn der erste Stab nicht richtig liegt, dann sind die nachfolgenden Fehler schon einprogrammiert. Befestigt wird der Stab mit selbstschneidenden Stahlschrauben 4,2 x 13 Millimeter. Der Abstand von einer Schraube zur nächsten: 30 Zentimeter. Bei dem ersten Stab sollte man jede Schraube einschrauben, bei den nachfolgenden Stäben genügt dann, wenn Sie jede zweite Schraube einschrauben. Gebohrt wird aber jedes vorgesehene Loch, denn später, beim Einbetten der Stäbe, kann nicht mehr gebohrt werden.
Nach dem »Strak-Stab« werden die Leibhölzer um den Aufbau geschraubt, auch wieder im 30-Zentimeter-Abstand. An den Winkelstücken werden Gehrungen geschnitten mit einer Fuge in der Breite eines Stabfalzes. Die Außenwinkel am Aufbau bekommen kleine runde Passstücke, auch hier wieder mit einer Fuge. Das Maß der Fuge muss immer gleichmäßig sein, weil sonst später die schwarze Naht aus Vergussmasse ein sehr schlechtes Bild abgibt.

Ein großer Butt – Zeichen des Könnens

Kommen wir nun zum ersten »Butt«. Wie auf den Fotos zu erkennen ist, wird der entsprechende Teil aus dem Leibholz herausgearbeitet: zunächst anzeichnen, freibohren und dann mit dem Stecheisen den Keil herausarbeiten. Diese Arbeit verlangt sehr viel Übung, und beim ersten Butt sollte man recht vorsichtig vorgehen, weil je nach Faserverlauf leicht das Leibholz aufspalten kann, und dann war alle Vorarbeit umsonst. Wichtig ist, dass die Länge des Butts entsprechend dem Einlaufwinkel ganz genau angezeichnet wird. Hier muss wirklich millimetergenau gearbeitet werden, wenn das Bild später stimmen soll. Einen Butt, der nicht genau stimmt, bei dem also die Fuge nicht parallel ist, kann man ein Stück kürzen und dann die Schrägung erneut mit dem Handhobel anpassen. Der Stab ist also keinesfalls verloren.

19 Anzeichnen des Butts: Der Winkel wird bündig zu den liegenden Stäben angehalten und eine Linie auf dem Fisch angezeichnet. Die Tiefe der Buttung immer gleichmäßig halten; 1/3 der Stabbreite.

20 Zunächst mit einem Zapfenbohrer die Rundung der Buttung freibohren, dann mit dem Stecheisen die Vorderkante herausarbeiten. Dabei vorsichtig vorgehen, damit das Holz nicht aufplatzt.

21 Mit dem Stecheisen wird der zu entfernende Holzteil erst einmal grob weggearbeitet, dabei nie »hebeln«, sondern von oben nach unten das Holz zerspanen. Auf den Faserlauf achten!

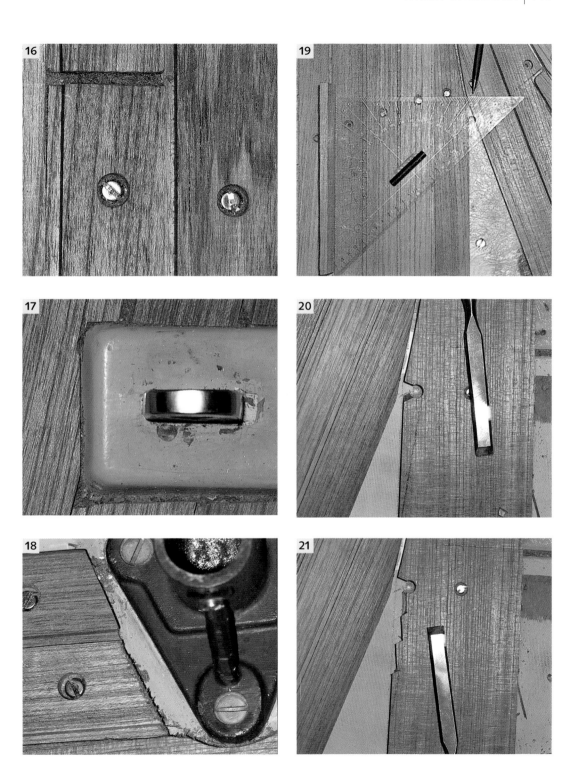

Beim Aufschrauben der Stäbe in den Krümmungsbereichen ist oftmals viel Kraft notwendig, um den Stab parallel zu seinem Nachbarn zu bekommen. Hier ist ein zweiter Mann, der beim Bohren und Anschrauben den Stab andrückt, eine große Hilfe.

Da die Stäbe nicht lang genug sind, um das gesamte Deck abzudecken, muss zwangsläufig auf Stoß gearbeitet werden. Auch hier beträgt der Abstand von einem Stab zum Anschlussstab exakt eine Fugenbreite. Zunächst muss man also den Stab etwas dichter anschrauben und dann die genaue Fugenbreite mit dem Stecheisen freiarbeiten.

Wenn auf diese Weise alle Stäbe auf Deck und alle (aber wirklich alle) Holzarbeiten fertig sind, werden die Stäbe nummeriert und wieder von Deck genommen. Aber nicht alle Stäbe auf einen Haufen legen, sondern kleine »Abteilungen« machen, damit später nicht das große Suchen beginnt! Dies ist besonders wichtig, da jetzt die Arbeiten gegen die Uhr beginnen. Die Formflex-Masse, die durch einen Härterzusatz für etwa zwei bis drei Stunden dünnflüssig bleibt (etwa wie dicker Honig), muss während dieser Zeit verarbeitet werden. Das heißt: Einrühren des Härters, Auftragen der Masse mit einem Zahnspachtel und Aufschrauben der Stäbe in die plastische Masse. Um eine gute Haftung zu erzielen, müssen das Deck und die Unterseiten der Stäbe kurz vorher mit Primer gestrichen werden. Wenn irgend möglich, sollten auch diese Arbeiten zu zweit gemacht werden. Einer drückt die Stäbe in Position, der Zweite schraubt an. Und machen Sie sich auf eines gefasst: Die schwarze Masse wird Sie verfolgen, bei den Fingern beginnend bis hinauf zu den Ellbogen. Halten Sie also eine gute Anzahl alter Lappen bereit und tragen Sie möglichst die älteste Kleidung – ex und hopp!

Wenn alle Stäbe wieder auf Deck sind, wartet man besser einige Tage, bis die Formflex-Masse durchgehärtet ist. Dann beginnt das Einsetzen der Pfropfen – in unserem Fall

22 Nach der Grobarbeit genau am Bleistiftstrich entlang die Konturen freiarbeiten. Die obere Ecke muss ganz gerade verlaufen, da sie später nicht mehr zu korrigieren ist.

23 Wenn die Buttung fertig ist, wird der Stab der Form entsprechend angepasst. Wichtig dabei ist, dass die Fugenbreite genau eingehalten wird. Auch der Radius muss stimmen.

24 Es kann vorkommen, dass eine Buttung in die Verschraubung im Leibholz gelangt. Dies kann man vorher nicht planen. In diesem Falle ging es gerade noch gut. Wenn's knapper wird, Schraube versetzen und Bohrung mit Pfropfen schließen. Den Pfropfen aber bitte passgenau und gut mit Bootsleim einsetzen, sonst wird's unsauber.

25 Beim Verschrauben müssen die Stäbe exakt nebeneinander liegen, damit die Fugenbreiten später genau sind. Mit Keilen kann man leicht die richtige Position erreichen.

26 Bei langen Buttungen im Bereich des Kajütaufbaus wird die Kante zum Abschluss mit dem Stecheisen nachgezogen. Der dünne Span lässt sich leicht abheben.

27 Die Eckverbindung am Kajütaufbau. Die Stäbe werden immer kürzer. Der letzte Stab muss auch in der Breite angepasst werden, damit wieder eine Fuge gleicher Breite entsteht. Mit einer kleinen, handlichen Leiste, die genau die Fugenbreite hat, wird der Spalt exakt kontrolliert.

waren es etwa 1200. Wir haben sie mit Bootsleim eingesetzt und sind so sicher, dass sie nicht so schnell wieder herausfallen – diese Mehrarbeit lohnt sich. Einen Tag später kann man mit einer Handsäge die Pfropfen »deck-

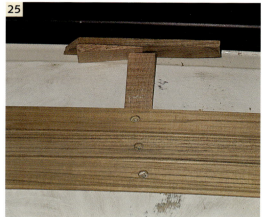

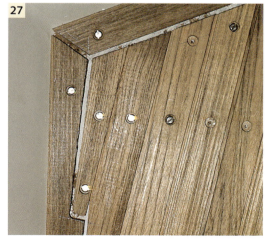

bündig« absägen! Dies ist sicherer, als sie mit dem Stecheisen abzuschlagen, da sonst Pfropfen zu tief abbrechen. Nur an den engen Stellen, wo man mit der Säge nicht hinlangt, sollte man vorsichtig mit dem Stecheisen arbeiten, zunächst etwa drei Millimeter überstehen lassen und danach auf Länge kürzen.

28 Ganz wichtig beim Verlegen: Die Stäbe müssen straken. Zunächst die Stäbe nur in etwa einem Meter Abstand zueinander aufschrauben. Die natürliche Spannung des Holzes hilft beim Ausrichten. Später alle Schrauben setzen.

29 Das Leibholz am Aufbau so verlegen, dass die Fugenbreite zum Aufbau hin in etwa der normalen Fugenbreite zwischen den Stäben gleichkommt.

30 Die Stöße zwischen den Stäben immer versetzt anordnen. Der Abstand, der hier eingehalten wurde, stellt das Minimum dar; es ist besser, wenn die Stöße noch weiter entfernt liegen, dadurch wird das Gesamtbild viel ausgewogener und ruhiger.

31 Die Baustelle an Deck: Man beginnt auf dem Vorschiff mit dem Fisch, der genau mittig aufgeschraubt wird. Von beiden Seiten werden dann die Stäbe eingearbeitet.

32 Die Stab-Enden werden mit der Abrichtscheibe auf Länge geschliffen. Dadurch erhält man einen rechtwinkligen, sauberen Abschluss.

33, 34 Die Bilder zeigen die jeweiligen Tagesleistungen, die man in acht Stunden schaffen kann. Man ist nach acht Stunden immer wieder überrascht, dass nicht mehr geschafft worden ist. Aber die kleinen Stäbe benötigen sehr viel Zeit, weil sie an beiden Enden eingepasst werden müssen. Hier schneller zu arbeiten, bringt nicht viel ein, denn eine unsaubere Buttung kann man später nicht mehr korrigieren.

35 Am fünften Tag war das Vorschiff eingedeckt.

36 Wenn das Deck trocken fertig verlegt ist, alle Stäbe mit Bleistift nummerieren und wieder abschrauben. Man kann dies je Deckshälfte getrennt machen, wenn man wenig Lagerfläche hat (die Stäbe nach System ablegen, nicht alle durcheinander!) und vor dem Neuverlegen primern.

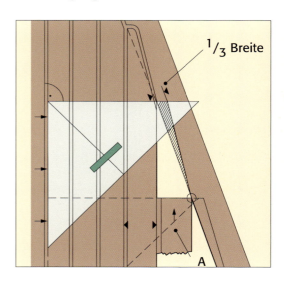

Die Zeichnung zeigt, wie die einzelnen Buttungen angezeichnet werden. Mit einem Reststück einer Leiste (A) wird der Punkt markiert, bei dem der Winkel angelegt wird. Buttlänge, Buttbreite und Anlegewinkel bestimmen die Form.

Sorgfältig primern – gut verbunden

Die nächsten Arbeitsgänge: Nähte primern und vergießen. Mit einem kleinen Flachpinsel werden alle Nähte sorgfältig mit Primer ausgestrichen. Beim Vergießen der Nähte haben wir nicht mit einer Kartusche gearbeitet, sondern die Formflex-Masse direkt aus

YACHT-STABDECK 145

der Dose mit einem Flachspachtel in die Fugen gedrückt. Diese Methode ist bei schon recht glatten Decks von Vorteil. Man beginnt an einer kleinen Fläche, bei der man die Nähte vollgießt. Wenn diese Fläche fertig ist und die Fugen ohne Lufteinschlüsse voll sind, gießt man den Rest aus der Dose auf diesen Deckteil. Mit dem Spachtel wird das Formflex anschließend in Richtung Stabverlauf verteilt. Überstehende Masse mit dem Spachtel aufnehmen und erneut verteilen! Am nächsten Tag kommen dann die Stellen zu Tage, wo Luft eingeschlossen war. Diese Vertiefungen werden einfach nachgespachtelt. Das Deck ist nun pechschwarz und alles andere als schön. Jetzt wird erst einmal eine Zwangspause eingelegt – denn zum Schleifen muss die Formflex-Masse gut durchgehärtet sein, will man nicht ein Schleifband nach dem anderen verschmieren. Es reichen etwa sieben bis zehn Tage dafür aus; hohe Luftfeuchtigkeit beschleunigt das Durchhärten. Der Schleifvorgang ist der krönende Abschluss unserer Arbeit – endlich kommt das zu Tage, was nach einem Teakdeck aussieht. Es ist zweckmäßig, mit einem Bandschleifer zu arbeiten, da die Schleifwirkung hiermit am größten und die Standzeit der Schleifbänder akzeptabel ist. Nur in den Ecken und Winkeln kann der Schleifteller an der Bohrmaschine eingesetzt werden; wo's noch enger wird, muss von Hand geschliffen werden. Für das Schleifen braucht man etwa einen Arbeitstag. Ein weiterer Tag ist nötig, um die Feinarbeiten zu machen – insbesondere das Entfernen der Tesakreppstreifen, mit denen der Kajütaufbau geschützt war, und das Polieren der GFK-Teile, die trotz sorgfältigster Arbeit nicht ohne schwarze Spritzer und Flecken davongekommen sind.
Alles in allem braucht ein Mann für das Verlegen eines Teakstabdecks auf einer Neun-Meter-Yacht 150 Stunden. Schneller ist es kaum zu schaffen (auch die Werftkalkulation lag in diesem Rahmen) – ein großer Aufwand für diese kosmetische Behandlung. Doch eines ist sicher – ein Teakdeck ist und bleibt nun einmal das sichtbarste Zeichen echten Bootsbaus.

37 Die »Chemie«, die wir benötigen: Primer für Teakholz und GFK sowie Formflex mit Härter. Ohne sorgfältiges Primern ist keine sichere Verbindung gewährleistet.

38 Die mit Härter versetzte Formflex-Vergussmasse: Mit einem kräftigen Zahnspachtel aus Holz wird die Vergussmasse auf das Deck aufgetragen.

39 Die Kanten und Flächen zum GFK hin mit Tesakreppstreifen vorher abkleben, damit die Masse nicht dorthin gelangt.

40 Immer nur so viel Masse auf Deck auftragen, wie man in etwa zwei Stunden verarbeiten kann. Wenn man allein arbeitet, immer nur eine Dose zur Zeit anrühren und verbrauchen. Die Stäbe dann in die weiche Vergussmasse schrauben.

41 Wenn die Vergussmasse zu dick aufgetragen ist, wird sie durch die Stäbe in die Fugen gedrückt. Dies möglichst vermeiden, weil man sonst später die Flanken von oben nicht mehr primern kann.

42 Das Deck ist fertig verschraubt, die Pfropfen aus Teak können hergestellt werden – etwa 1200 an der Zahl. Quer zur Faserrichtung aus Leisten herausgebohrt.

43 Beim Bohren beachten, dass beim Zurückziehen des Bohrers der Pfropfen nicht von der Leiste reißt und im Bohrer stecken bleibt.

44 Vor dem Einschlagen der Pfropfen die Bohrungen mit Bootsleim anfüllen. Damit wird ein fester Sitz gewährleistet. Mit einer Spritzflasche geht's am leichtesten.

YACHT-STABDECK | 147

37

40

43

38

41

44

39

42

Tages-Arbeitsplan		Stunden
1. Tag	Alten Decksbelag entfernt, Deck mit der Flex geschliffen	8
2. Tag	Beschläge entfernt und Stäbe aufgezeichnet	5
3. Tag	Bohrmaschine umgebaut, Leibhölzer angeschraubt	8
4. Tag	Ersten bis sechsten Stab verlegt	8
5. Tag	Bb-Seite fertig verlegt	8
6. Tag	Ankerkasten angefangen	5
7. Tag	Vorschiff belegt	8
8. Tag	Vorschiff und Ankerkasten fertig	8
9. Tag	Alle Stäbe verlegt, bis auf Feinheiten	8
10. Tag	Alle Holzarbeiten fertig	5
11. Tag	Deck nummeriert und Stäbe teilweise angeschraubt	3
12. Tag	Alle Leisten abgeschraubt und zwei Stäbe verklebt	8
13. Tag	Bb-Seite fertig verklebt	9
14. Tag	Stb-Seite fertig verklebt	10
15. Tag	1200 Dübel gebohrt und verleimt	10
16. Tag	Alle Fugen geprimert und vergossen	9
17. Tag	Fugen nachgegossen	4
18. Tag	Deck geschliffen (drei Maschinen)	10
19. Tag	Fein geschliffen und Tesa entfernt	9
20. Tag	Feinarbeiten, säubern und polieren	8
		151

45 Beim Einschlagen genau darauf achten, dass der Faserverlauf mit der Struktur im Stab übereinstimmt. Wenn der Pfropfen sitzt, die Leiste nach oben freibrechen.

46 1200 Pfropfen sitzen auf Deck. Nach einem Tag können die Enden abgesägt werden. Noch einmal überprüfen, ob in jeder Verschraubung ein Pfropfen sitzt.

47 Mit viel Gefühl kann man die überstehenden Enden mit dem Stecheisen abstemmen. Dabei genau auf den Faserlauf achten, damit der Bruch nicht zu tief geht.

48 Problemloser, wenn auch ein wenig Zeit raubender, geht es mit der Handsäge. Der Rest wird dann mit einem Schleifklotz geglättet.

49 Vor dem Auftragen der Vergussmasse sollte das Deck möglichst glatt sein; um so leichter lässt sich die Formflex-Vergussmasse verteilen. Beim Vergießen darauf achten, dass keine Lufteinschlüsse in die Fugen geraten; wenn trotzdem Blasen auftreten, diese aufstechen und mit Vergussmasse nachfüllen.

50 Nach etwa zehn Tagen ist die Vergussmasse durchgehärtet. Jetzt kann das Schleifen beginnen; am einfachsten geht es mit einem Bandschleifer.

51 Nach dem fertigen Schliff – etwa zwei Tage benötigt man – werden die Tesastreifen von den Aufbauten entfernt und kleine Stellen von Hand auf Deck nachgeschliffen.

52 Der GFK-Aufbau wird nach dem Grobsäubern mit einer Spezialpaste poliert. Mit einer derartigen Paste ist fast neuwertiger Glanz auf altem GFK zu bekommen.

53 Restarbeiten: Die Beschläge werden wieder aufgeschraubt.

YACHT-STABDECK | 149

45

48

51

46

49

52

47

50

53

Saubere Sache:

Einbau eines Fäkalientanks mit Tankanzeige

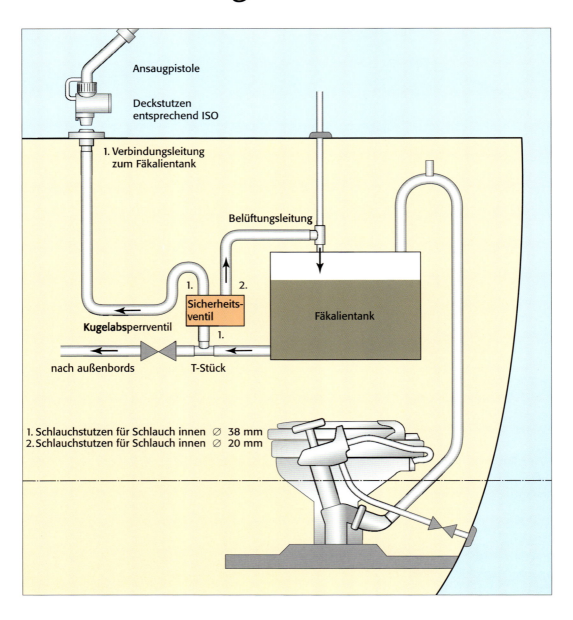

Auf neuen Yachten werden sie bereits serienmäßig eingebaut, und ab 2005 ist auf allen Yachten ein Fäkalientank vorgeschrieben. Damit werden dann die Gewässer in den Häfen und Ankerbuchten wieder klar wie einst, und zum Verklappen fährt man 12 Seemeilen vor die Küste (nach gültiger Ostsee-Anrainer-Vorschrift) oder man lässt die Fäkalien im Hafen entsorgen.

Man kann bei der Nachrüstung verschiedene Wege gehen, was Materialauswahl und Funktion anbetrifft: entweder einen flexiblen Tank (Sack), einen Hartkunststoff-Tank oder einen Tank aus Edelstahl, der gleichwohl am durabelsten ist. Wir schlagen den Einbau mit natürlichem Gefälle vor (das hat sich seit zehn Jahren bestens bewährt). Das bedeutet, dass der Tank oberhalb der Wasserlinie ist und alle Fäkalien immer durch den Tank gepumpt werden. Man benötigt dann nur ein Seeventil für den Frischwassereinlass, ein Seeventil für den Abgang und ein Ventil für die Belüftung – also *kein* Umschalten mit Zweiwege-Ventilen. Zum Absaugen führt die genormte Leitung nach oben; sie ist mit einem Verschluss versehen.

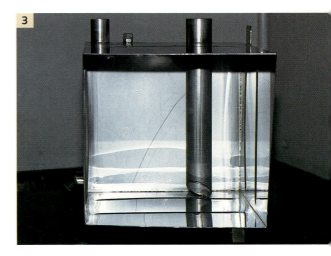

1 Zunächst ein Pappmodell anfertigen und vor Ort den größtmöglichen Raum ausnutzen. Dabei sollte man ausprobieren, ob man die Leitungen verlegen kann und ob man den fertigen Tank »um die Ecken« bekommt.

2 Der Tank im Entstehen. Unten links der Abflussflansch. Oben der Einlauf und das Absaugrohr. Niemals den Tank seitlich oder von unten befüllen.

3 Deutlich zu erkennen: Das Rohr für die Absaugung nach oben geht bis zum Tankboden. Der Tank sollte einen Inhalt zwischen 70 und 100 Liter haben.

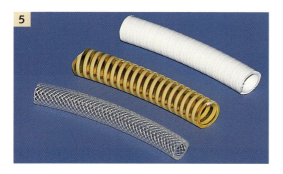

4 Das genormte Ventil aus Edelstahl mit Schraubverschluss (lässt sich mit der Winschkurbel betätigen). Es ist nach CE-Norm vorgeschrieben und passt an alle Fäkalien-Absauganlagen in ganz Europa.

5 Die beiden vorderen Schlauchtypen sind nur für Frischwasser geeignet, bestenfalls für die Belüftung. Für Fäkalien nur geeignete, gasundurchlässige Schläuche verwenden, wenn man auf Dauer ein geruchsfreies WC haben will.

6 Ganz wichtig bei Fäkalientanks: eine Füllstandsanzeige, weil es sonst zu bösen Überraschungen kommen kann, wenn die Fäkalien an Deck aus der Belüftungsleitung austreten. Dazu noch ein Hinweis: Wer sich die Mühe macht und die Belüftungsleitung mit Seeventil eine Handbreit über der Wasserlinie austreten lässt, wird selten Geruchsprobleme bekommen. Es ist unverständlich, warum viele Werften diese Seeventile in Cockpitnähe montieren.

7 Die hier gezeigte Ausführung ist für Frischwassertanks geeignet. Es gibt sie aber in ganz ähnlicher Form auch für Fäkalientanks, die dann wesentlich besser gegen Korrosion geschützt sind.

8 Der Füllstandsanzeiger. Man kann ihn auch mit einem einfachen Schalter versehen, weil man die Anzeige ja nicht permanent benötigt, das erhöht deutlich die Lebensdauer des Gerätes.

Gute Optik:

Deck- und Aufbausanierung

Egal ob es sich um ein GFK-, Holz- oder Stahldeck handelt: Nach zehn bis fünfzehn Jahren bekommt man Arbeit, wenn man die Optik des Schiffes beibehalten will. Schäden, die dann ins Auge springen: Eingerissene und ausgeblichene Anti-Rutsch-Beläge, rissige und stumpfe Farbschichten, schadhafte Fenster, ausgeblichene Naturholzlackierungen oder mattes und ausgetretenes Gelcoat. In allen Fällen ist die Vorgehensweise übertragbar, und an einem 20 Jahre alten Holzdeck wollen wir die Arbeiten demonstrieren.

Decks und Aufbauten sind hoch beansprucht – viel höher als die Außenhaut. Direkte UV-Strahlung, stehendes Salzwasser oder Salzreste, Schmutz und Sand aus der Luft und permanente Schleifspuren durch das Begehen (leider nicht immer mit Bordschuhen) setzen den Decks mächtig zu. Wenn man es ganz toll machen will, dann sollte man es durchführen wie auf den Seiten 134–149 beschrieben: Man wertet die Yacht nicht nur optisch mit einem Teakdeck auf. Selbst eine 20 Jahre alte Yacht bekommt damit neuen Glanz und eine enorme Wertsteigerung. Wem das allerdings zu teuer ist, für den haben wir den »normalen« Weg vorgezeichnet, der ebenfalls eine gute Optik verspricht.

Ein Wort zu diesem Thema vorweg: Zeit, Geduld und eine trockene Halle mit gutem Licht sind die Grundvoraussetzungen für diese Arbeiten. Unter einer notdürftigen Plane können Sie diese Sanierungsarbeiten nicht durchführen – Sie verlieren schnell die Lust an der Arbeit.

1 Zunächst mit einem Spachtel die Ecken der Beläge abhebeln. Dabei darauf achten, dass die Beschichtung nicht einreißt. Denn je großflächiger Sie den Belag entfernen, desto einfacher wird es.

2 Streifen für Streifen treiben Sie den Spachtel zwischen Deck und Belag. Achten Sie darauf, dass der Spachtel nicht verkantet wird und nicht mit der Ecke in das Deckmaterial dringt.

3 Wenn Sie einen Teil gelöst haben, den Sie hochziehen können, versuchen Sie, den Belag weiter anzuziehen. Von Zeit zu Zeit und je nach Bedarf mit dem Spachtel unmittelbar an der Trennfuge nachstoßen.

4 So nicht! Besonders bei Sperrholzdecks muss man vorsichtig vorgehen. Was auf GFK-, Alu- und Stahldecks nicht passieren kann: Wenn man zu stark reißt, kann sich die obere Furnierschicht ablösen. Das bedeutet viel Nacharbeit durch neues Verleimen, Aufspachteln und Schleifen.

5 Nach dem ersten Schleifen gründlich spachteln, wieder schleifen und alle Löcher schließen. Aber natürlich nicht die Bohrungen, die für die Beschläge notwendig sind. Hier hat schon so mancher im Eifer des Gefechtes zu viel Löcher gestopft und dann später mühsam die Beschlagstellen wieder suchen müssen.

6 Benutzen Sie für diese großen Flächen Profiwerkzeuge – notfalls kann man diese auch ausleihen. Mit billigen Heimwerker-Schleifmaschinen, die für kleine Bauteile recht gut sind, ist hier nicht viel auszurichten. Und wechseln Sie häufiger das Schleifpapier, wenn Sie merken, dass sich der Abtrag deutlich reduziert. Wenn möglich, Schleifer mit Staubsaugeranschluss verwenden, dann ist die Standzeit des Papiers deutlich höher.

7 Fenster dieser Art gleich mit erneuern. Zumindest müssen Sie zum Schleifen und Lackieren entfernt werden. Wenn Sie um dieses Fenster nur herumschleifen, werden Sie keine Freude am Ergebnis der Sanierung haben – also lieber gleich gründlich vorgehen.

8 Auch die Scheuerleiste und die Fußreling in die Sanierung mit einbeziehen. Als Grenzlinie der Sanierung sollte man den Übergang von Scheuerleiste zum Rumpf sehen, wenn man nicht gleich den gesamten Rumpf mit Außenhautlackierung erneuern will.

GUTE OPTIK | 155

9 Der erste Schritt: Die Lackierung der Aufbau-Seitenteile mit Klarlack. Hat man genug Substanz, kann man so weit schleifen, bis der Naturton wieder da ist. Bei Sperrhölzern nur gut anschleifen, beizen und dann lackieren. Als Alternative zum Lackieren bieten sich moderne Öle an. Man braucht zwar mehr Zeit zum Beschichten (bis zu 20 Öl-Aufträge), aber man hat dann einen recht weichen Oberflächenschutz, der nicht vom Wasser unterlaufen werden kann.

10 Der nächste Schitt: Die Vollholzteile für die Beschläge an Deck. Auch hier kann man wählen zwischen Lack und Öl. Wenn mechanische Belastungen zu erwarten sind, würde ich ölen, weil man anschließend jederzeit Beschädigungen nachbessern kann.

11 Die Fußreling: Sauber fünffach lackiert

und abgeklebt. Denken Sie daran, dass frischer Lack nicht sofort hart mechanisch belastet werden darf, auch wenn er bereits staubtrocken ist. Mit sauberen Teppichresten kann man diese Teile gut schützen.

12 Nach den Naturteilen folgt die Grundierung des Decks – eine ganz wichtige Beschichtung, ohne die ein späterer Farbenhalt nicht

zustande kommen kann. Folgen Sie hier unbedingt den Anweisungen des Farbenherstellers – sonst erlischt auch die Gewährleistung.

13 Große Flächen mit Rolle oder Pinsel bearbeiten – ganz nach Geschmack. Jeder muss das Werkzeug herausfinden, das ihm liegt. Hier gibt es keine eindeutigen Vorgaben. Aber für die kleinen Ecken und Winkel besteht nur eine Wahl – der Feinpinsel.

14 Die Außenseite einer Fußreeling und die Scheuerleiste sind auf einer Yacht besonderen Belastungen ausgesetzt. Hier sollte man besser Öl verwenden, weil es bei schweren Belastungen nicht platzen kann. Leichte Abschürfungen kann man leicht durch Nachölen reparieren.

15 Der fertig lackierte Aufbau: Lassen Sie sich Zeit mit dem Anbau der Beschläge und warten Sie, bis der Lack gut durchgehärtet ist. In einer warmen Halle mindestens noch eine Woche warten oder, wenn es kälter ist, noch länger. Lediglich das Tape sollten Sie schnell abziehen, sobald der Lack steht. Lassen Sie es zu lange sitzen, verbleiben lästige Klebrückstände auf dem Lack.

16 Das fertige Vordeck: Scharniere und Beschläge müssen noch eine Woche warten, bis sie, gut mit Dichtungsmasse versehen, ihre alten Plätze einnehmen. Nie die Schrauben sofort ganz fest anziehen, denn dann drücken Sie die gesamte Dichtungsmasse wieder heraus. Daher nur leicht anziehen, damit eine gute Schicht stehen bleibt und erst am nächsten Tag festziehen.

Wundverband:

Holz-/GFK-Reparaturen

Dank moderner Kunststoffe sind Reparaturen an Bord viel leichter geworden. Mit Epoxy-Werkstoffen kann man nicht nur GFK, sondern auch Holz bestens reparieren. Am Beispiel einer Reparatur an einem Holz-Ruderblatt zeigen wir, wie man einen tiefen Riss dauerhaft saniert.

Generell ist bei allen Reparaturen vorauszusetzen: Das Holz muss absolut trocken sein. Es dürfen auf den Laminatstellen keinerlei Fett- oder Wachsrückstände vorhanden sein, die eine Verbindung mit Epoxy nicht zulassen. Beim Arbeiten mit Epoxy hat man es mit vier Grundstoffen zu tun: Harz, Härter, Füllstoffe (Dickungsmittel) und schließlich die Glasfasern als Gewebe oder als Standardmatte. Laminiert wird vorzugsweise bei 20 °C und guter Belüftung. Bei niedrigeren Temperaturen verlangsamt sich der Aushärtprozess, bei höheren Temperaturen wird er beschleunigt. Notfalls kann man bei niedrigen Temperaturen mit Heizlüftern nachhelfen. Beachten Sie beim Umgang mit Epoxy die Gefahrenhinweise des Herstellers. Schutzbrille und Schutzhandschuhe tragen!

1 Die drei Grundwerkstoffe: Harz, Härter und Füllmittel (Microballons) zum Andicken. Zum Laminieren benötigt man lediglich Harz und Härter. Zum Spachteln oder Auffüllen von Hohlräumen wird das Füllmittel eingerührt, bis man eine passende Paste hat.

2 Das Glasgewebe: Es gibt verschiedene Gewebestärken, die nach Gramm pro Quadratmeter unterschieden werden. Je höher die benötigte Festigkeit, desto höher das Gewebegewicht. Glasgewebe lassen sich mit einer scharfen Schere einfach schneiden.
Für kleine Reparaturen eignen sich Gewebe besser als Standardmatten, auch wenn sie etwas teurer sind.

3 Zunächst werden Harz und Härter nach der Hersteller-Tabelle angerührt, dann kommt das Füllpulver hinzu. Je nach Reparatur kann man die Masse honigartig oder butterartig einstellen – je nach dem, ob sie noch fließen oder als Paste stehen soll. Aber das Harz erst anrühren, wenn alle Vorbereitungen abgeschlossen sind, denn in der Regel soll das Harz binnen 30 Minuten verarbeitet sein.

4 Die Vorarbeiten in diesem Falle: Ein Riss wird zunächst gut getrocknet und dann mit einem Schaber v-förmig aufgezogen. Je tiefer man vorankommt, desto besser – hier soll später das Harz einfließen.

5 Das sehr dünn eingestellte Harz kann nun in die vorbereitete Fuge fließen. Immer wenn es weggesackt ist, füllt man von oben nach. Man achte darauf, dass keine Lufteinschlüsse und somit Hohlräume entstehen.

6 Wenn die Fuge gefüllt ist, wird das überstehende Harz mit einem Holzspachtel abgezogen, damit man später nicht so viel schleifen muss, wenn das Harz ausgehärtet ist. Schleifen kann man nach zirka zwölf Stunden, wenn man Zusatzwärme einsetzt, schon etwas eher.

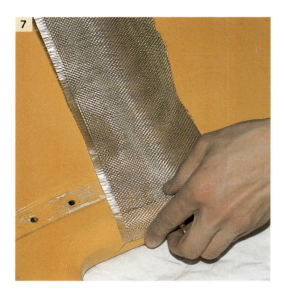

7 Schneiden Sie noch im trockenen Zustand den Glasgewebe-Reparaturstreifen ganz genau zu. Später, unter dem Harz, kann man nur noch schlecht die Maße korrigieren. Wenn Sie bei Reparaturen mehrere Gewebeteile benutzen wollen, sollten alle genau gekennzeichnet sein, damit es beim Laminieren schnell geht.

8 Nach dem sorgfältigen Schleifen wird ein Glasgewebe-Streifen auflaminiert – jetzt mit Harz/Härter ohne Füllstoff. Gut Antupfen, bis alle Luftblasen entwichen sind und das Gewebe durchgehend transparent aufliegt. Nach dem Aushärten dann spachteln, schleifen und lackieren – die Reparatur sollte gelungen sein.

Mehr Licht:

Lukeneinbau

Luken sind auf älteren Yachten entweder undicht, zu klein, haben blinde Scheiben oder sind schlichtweg gar nicht vorhanden. Besonders leckende Luken können das Seglerleben stark beeinträchtigen. Und oftmals sind alte Luken auch nicht mehr zu reparieren, weil die entsprechenden Ersatzteile und Dichtungen nicht mehr am Markt sind. Dann bleibt nur noch der Austausch.

Bei der Neubeschaffung sollten Sie in etwa die gleiche Lukengröße wählen, dann fällt der Austausch leichter. Wenn das neue Luk etwas größer ist, fällt der Umbau leichter als bei einer Lukverkleinerung. In jedem Falle müssen Sie aber in der Regel einen neuen »Flansch« herstellen, der den Anschluss zwischen neuem Luk und altem Deck bildet. Diesen kann man aus GFK herstellen (wenn man schon viel GFK-Erfahrung besitzt) oder aus Massivholz – das geht viel leichter und ist ebenfalls zu empfehlen. Wichtig bei diesen Arbeiten: Zunächst den Flansch-Rahmen nach den Lukmaßen herstellen und dann die Rahmenunterseite an das Deck anpassen. Aus Teak oder Mahagoni lässt sich ein derartiger Rahmen gut herstellen – aus Teak, wenn er natur bleibt, und aus Mahagoni, wenn er lackiert werden soll.

1 Hier saß einmal ein zu schwaches Luk mit Holzrahmen und Plexi-Scheibe. Diese Konstruktion war undicht, weil der Luk-Rahmen zu weich, zu schwach dimensioniert war. An einem derartigen Luk kann man kaum etwas reparieren und sich nur für den Austausch entscheiden.

2 Auch der Holzrahmen an Deck erwies sich nach eingehender Untersuchung als zu schwach. Für ein neues Luk mit Leichtmetallrahmen benötigt man einen breiten, kräftigen Flansch, um den neuen Rahmen sicher anschrauben zu können.

3 Wie bei vielen anderen Reparaturen kann man auch hier auf einen fantastischen Werkstoff zurückgreifen, ohne den derartige Reparaturen viel schwerer fallen würden: Epoxy mit Füller (Microballons). Wenn der Rahmen im Rohbau fertig ist, kann das Epoxy angerührt werden.

4 Die Unterseite des neuen Holzrahmens muss nicht haargenau stimmen. Auch die Oberflächen müssen nicht sauber geschliffen sein. Wichtig sind breite Auflageflächen und fettfreie Oberflächen auf beiden Seiten. In eine satte Schicht aus angedicktem Epoxy legt man zunächst den Rahmen und drückt ihn dann vorsichtig herunter, bis aus den Fugen das überschüssige Material heraustritt.

5 Auch auf der Innenseite soll das Epoxy satt heraustreten. Überschüssiges Material wird mit einem Holzspachtel abgehoben.
Achten Sie darauf, dass wirklich an allen Rändern das Material hervortritt; andernfalls haben Sie Lufteinschlüsse, in denen sich dann Wasser sammeln kann.

6 Wenn das Epoxy-Harz ausgehärtet ist, kann mit den weiteren Arbeiten begonnen werden. Dazu gehört zunächst die Überprüfung des Alurahmens – er muss an allen Ecken satt aufliegen. Ist das nicht der Fall, dann hat sich der Rahmen verzogen, und Sie müssen ihn einebnen. Auf keinen Fall darf der Alurahmen mit Gewalt in die verzogene Holzform, etwa durch Anschrauben, gebracht werden – das Luk schließt dann nicht mehr dicht.

7 So sieht es gut aus. Schon ohne Schrauben liegt der Aluminiumrahmen satt und ohne Fugen auf. Jetzt können die Löcher gebohrt werden. Wenn der Holzrahmen hoch genug ist – über 40 Millimeter – können Sie Holzschrauben verwenden. Wenn er deutlich dünner ist, sollten Sie durchbolzen. Beim Bohren nicht die Eloxalschicht verletzen!

8 Nach dem Bohren wird der Rahmen geschliffen und mehrfach an allen Flächen lackiert – die Außenflächen mindestens vierfach inklusive Grundierung. Nach dem Durchhärten der Farbe am Flansch Dichtungsmasse aufbringen und den Rahmen »handwarm« anziehen. Die herausquellende Dichtungsmasse sofort entfernen und am nächsten Tag die Schrauben nachziehen. Auf diese Weise erhalten Sie eine nicht zu dünne Dichtfuge.

Sicht und dicht:

Fenstereinbau

Yachtfenster wurden früher fast immer auf die Außenhaut aufgeschraubt. Erst in den 1980er-Jahren ging man mehr und mehr dazu über, Alu-, Gummi- oder Niro-Rahmen zu verwenden. Die Fensterscheiben wurden nicht mehr aufgesetzt, sondern bündig eingespannt. Wir zeigen am Beispiel einer Holzyacht, wie man ein derartiges Fenster auswechselt. Die Arbeitsschritte können Sie aber auch auf eine GFK-, Stahl- oder Alu-Yacht übertragen – die Abläufe sind identisch.

Kunststofffenster halten nicht ewig, auch wenn man sie permanent pflegt. Jeder Kunststoff hat Weichmacher, die das Material elastisch halten sollen – entweicht dieser Weichmacher, wird das Material spröde und unelastisch. Entweder durch Spannungen im Rumpf oder durch den Druck an den Schrauben entstehen dann Risse, die sich alsbald verlängern und Scheiben sogar reißen lassen. Auch sind falsche Erstmontagen oft ein Grund für Rissbildungen: Eventuell waren die Schraubenlöcher zu eng gebohrt, und unterschiedliche Materialausdehnungen (unterschiedliche Ausdehnungskoeffizienten) durch Temperaturschwankungen konnten nicht ausgeglichen werden. Moderne Materialien wie zum Beispiel »Lexan« machen den Fenstereinbau leichter und garantieren eine lange Lebensdauer. Dieser Werkstoff wird sogar bei Fenstern von Rettungskreuzern und Maschinen-Schutzschilden in der Industrie verwandt. Machen Sie beim Kauf im Fachhandel den Verwendungszweck deutlich, denn es gibt die unterschiedlichsten Sorten. Für Yachten ist wichtig, dass Sie eine Scheibe kaufen, die einseitig UV-stabilisiert ist und dann natürlich nach außen kommt. Daher genau auf die aufgeklebte Schutzfolie achten, die die Außenseite markiert.

1 Die typische Rissbildung an alten Fenstern: Der Kunststoff ist spröde, der Weichmacher hat sich verflüchtigt. Hier kann man mit dem Nachziehen der Schrauben nichts mehr erreichen – im Gegenteil: Durch ein Nachziehen wird der Riss nur noch länger.

2 Mit einem Akku-Schrauber lassen sich die Schrauben aus einem Holzaufbau leicht entfernen. Bei Metall- und GFK-Yachten sind die Schrauben innen mit einer Mutter gesichert, und man benötigt eine Hilfshand. Wenn bei GFK-Yachten der Flansch unterschiedlich stark ist, achten Sie auf die Längen der Schrauben. Man sollte sie sofort nach dem Herausdrehen mit Tape auf die Scheibe heften, damit man später nicht mühsam herausfinden muss, wo welche Schraube passt.

3 Nach dem Entfernen der Scheibe zunächst die alte, noch verbliebene Dichtungsmasse mit einer Klinge abziehen – nicht schleifen, das funktioniert nicht. Dann die gesamte Fläche gut herunterschleifen, bis ein gleichmäßiger Holzton entsteht.

4 Wenn man mit den alten Lochabständen zufrieden ist (weil nicht zu dicht am Rand oder in ungleichmäßigen Abständen), kann man auf ein Zuspachteln verzichten. Ansonsten die Bohrungen mit einem Epoxy-Holzspäne-Gemisch verschließen.

5 Vor dem Neuaufbau der Fenster muss die Außenfläche absolut fertig und ausgehärtet sein, denn hier kann man später nicht nacharbeiten. Auch der Übergang zum Salon sollte fertig sein, weil man bei eingebauter Scheibe nur noch schlecht schleifen und lackieren kann.

6 Der Beweis der Versprödung: Ein leichter Schlag mit dem Hammer auf die 20 Jahre alte Scheibe – und sofort platzt das Material. Dieser Werkstoff ist nicht mehr zu retten.

SICHT UND DICHT | 165

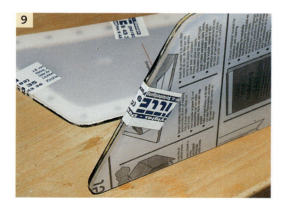

einsetzen, wenn der Aufbau nicht gerade ist. Für gewölbte Sprayhood-Scheiben sind sie ebenfalls gut zu verwenden.

9 Sie können sich die neuen Scheiben nach den alten Scheiben oder mit Hilfe von Schablonen zuschneiden lassen. Findige Bastler können aber auch selbst mit der Pendelhub-Stichsäge die Formen herausarbeiten und die Kanten durch Schleifen glätten. Dabei sollte die Schutzfolie aber noch nicht abgezogen werden.

10 Die alte und die neue Scheibe mit Tape sicher fixieren und dann durchbohren. Bei 6 mm Schraubendurchmesser mindestens mit 7 mm bohren, damit ein Längenausdehnungsspalt und Platz für Dichtungsmasse vorhanden sind.

11 Mit einem ganz scharfen 90°-Senker – möglichst vorher unbenutzt – die Senkungen setzen. Mit dem Schraubenkopf anschließend die richtige Tiefe prüfen.

7 Auch hier die Hammerschlag-Probe: Nach zwei harten Schlägen sind lediglich zwei kleine Vertiefungen zu erkennen – mehr nicht. Die hohe Elastizität absorbiert die Schläge schadlos.

8 Lexan oder vergleichbare Werkstoffe sind äußerst elastisch. Man kann sie auch optimal

12 Entweder Senkkopf-Schrauben (im Bild) oder Linsenkopf-Schrauben verwenden. Wer nicht senken will, kann gestanzte und geprägte Unterlegscheiben (aus dem Fahrzeugbau) verwenden. Dann stehen allerding die Köpfe ein wenig hervor – das sieht nicht so gut aus.

13 Wenn alle mechanischen Arbeiten an der Scheibe abgeschlossen sind, können Sie endlich die Schutzfolie abziehen. Und immer daran denken, dass sich die UV-Seite außen befinden muss.

14 Fein säuberlich all jene Flächen abkleben, die mit hervorquellender Dichtungsmasse in Berührung kommen könnten. Sie ersparen sich mit dieser Vorbereitung viel Arbeit.

15 Die Auflageflächen jetzt mit transparenter Dichtungsmasse versehen und mit einem Holzspachtel eine möglichst gleichmäßige Schicht herstellen, damit beim Auflegen der Scheiben keine Lufteinschlüsse entstehen können.

16 Die Schrauben dann gleichmäßig anziehen und darauf achten, dass die Dichtungsmasse überall hervortritt. Die Schrauben aber noch nicht zu fest anziehen und den Überschuss sofort entfernen. Erst am nächsten Tag nachziehen, damit ein Dichtungsmassen-Film zwischen Scheibe und Aufbau verbleibt.

Frische Flosse:

Kielsanierung

Über 80% aller Yachten haben einen untergeflanschten Kiel aus Gusseisen – und der kann bekanntlich rosten. Schlechte Kiele beginnen bereits nach einer Saison Verfärbungen zu zeigen, weil sie schlecht grundiert sind, gute Kiele halten zehn Jahre und mehr durch, aber irgendwann bekommen auch sie Rostbeulen.

Lediglich Yachten mit Bleikielen oder GFK-Yachten mit Innenballast haben mit der Korrosion keine Probleme. Aber immer wenn sich Ballastkörper aus Stahl oder Gusseisen unter Wasser befinden, müssen die Oberflächen gut geschützt sein. Und das gilt natürlich auch für die Außenhaut einer Stahlyacht. Daher sind die hier gezeigten Maßnahmen auch direkt auf alle Anwendungsfälle übertragbar.

Neben der hier gezeigten Farbmethode, die auch jeder Nicht-Fachmann ausführen kann, gibt es noch eine aufwändige Beschichtungsmethode, die zwar viel mehr Aufwand verlangt, dann aber auch über Jahrzehnte Ruhe garantiert. Dabei wird der Kiel zuerst gesandstrahlt, grundiert und mit einer Lage aus Glasgewebe und Epoxy beschichtet – anschließend gespachtelt, geschliffen und erneut mit Epoxy gestrichen, bevor das Antifouling aufgetragen wird. Diese Methode hat aber nur Erfolg, wenn die Oberfläche absolut komplett abgedeckt wird. Bleiben irgendwo offene Stellen, dann öffnen Sie der Korrosion Tür und Tor. Daher sollte man diese Methode nur anwenden, wenn man mit GFK-Beschichtungen Erfahrung hat, denn sphärische Körperformen eines Kiels sind nicht leicht zu beschichten. Und noch ein wichtiger Punkt: Nie die Fuge zwischen GFK- und Eisenkiel überlaminieren. Hier dichtet man ausschließlich mit dauerelastischen Kunststoffen, die die Wärmespannungen zwischen Stahl und Kunststoff ausgleichen können; das kann GFK nicht, und es würde zum Riss und später zum Rost führen.

Doch kommen wir zur bebilderten, sehr einfachen Methode: Die Vorarbeit ist konventionell und die Beschichtung topp-modern.

1 Legen Sie den Kiel so frei wie möglich, bocken Sie das Schiff hoch auf, damit man wirklich alle Stellen erreicht. Und bevor Sie anfangen: Schutzbrille aufsetzen! Ein »grober Zahn« muss ran, wenn man einen verrosteten Kiel bearbeiten will. Ein kräftiger Winkelschleifer mit Topfbürste aus Stahl schafft gute Voraussetzungen. Mit ihm werden zunächst die alten Farbschichten und losen Roststellen beseitigt.
Wer die Möglichkeit hat, den Kiel sandstrahlen zu lassen, der sollte sie nutzen, aber leider ist das oft eine Frage des Wohnortes oder des Transportes.

2 Entweder macht man sich mit einem Winkelschleifer oder einem Gummi-Schleifteller auf einer Bohrmaschine dann an die harte Rostschicht heran (mit einer 80er-Korn-Beschichtung). Bei diesen Arbeiten Schritt für Schritt vorgehen und nicht erst einmal über den Kiel rauschen, sondern systematisch Streifen für Streifen blanklegen. Versuchen Sie es mit verschiedenen Umdrehungszahlen des Schleiftellers, bis Sie die optimale Drehzahl gefunden haben.

3 Ein Gusskiel hat nie eine glatte Oberfläche. In Vertiefungen kommen Sie nur hinein, wenn Sie den Schleifteller anstellen. Dann aber nicht zu großen Druck ausüben, weil sonst das Schleifkorn zu schnell abgetragen wird und man nur noch mit dem Gummi des Tellers arbeitet – und der schafft natürlich nur Gummigeruch. Enge Vertiefungen kann man nicht mit dem Teller bearbeiten, diese muss man am Schluss von Hand mit einer Schleifspitze ausschleifen.

4 Wenn der Kiel platt aufliegt, wie hier im Bild, muss man leider die letzten Millimeter

von Hand bearbeiten. Mit einem alten Stecheisen lassen sich die groben Teile entfernen. Dann folgt ein mühsames Schleifen von Hand. Es ist daher unbedingt ratsam, das Schiff so aufzubocken, dass der Kiel frei hängt und man auch die Unterseite einwandfrei behandeln kann.

5 Nach der gründlichen mechanischen Vorarbeit folgt die Chemie. Wir haben uns für ein

hochmodernes Beschichtungsmittel entschieden: Corrpassiv – so der Handelsname. Zunächst wird ein Rostumwandler aus diesem System aufgetragen, denn in die letzten feinen Vertiefungen kommt man mit mechanischen Mitteln nicht. Es folgt nach der Einwirkzeit (1 Stunde) das Abspülen und Trocknen des Kiels. Dazu empfiehlt sich ein Heizlüfter oder Fön, damit man den Kiel schnell trocken bekommt.

6 Nach der Behandlung verschwindet die rotbraune Rostfarbe mehr und mehr. Sind noch braune Stellen vorhanden, ist die Behandlung noch einmal zu wiederholen.

7 Dann folgt der grüne Basis-Primer. Beide Komponenten gut aufrühren und auf den völlig trockenen Kiel streichen – mit Rolle oder Pinsel. Diese Arbeiten können Sie aber nur durchführen, wenn Sie eine trockene Halle oder wirklich trockenes Wetter haben. Im feuchten Herbst oder nasskalten Winter sind diese Arbeiten im Freien nicht zu machen. Auch nicht im Frühjahr, wenn sich auf dem ausgekühlten Kiel Kondenswasser aus der schon warmen Luft bildet – die Arbeit ist dann nicht von Erfolg gekrönt.

8 Große Flächen mit der Rolle, kleine Flächen oder Kanten mit dem Pinsel bearbeiten. Mit dem Pinsel können Sie auch die Beschichtung in Vertiefungen auftragen – das gelingt mit der Rolle nicht. Wie auch immer, wichtig ist, dass man wirklich alle Vertiefungen erreicht. Daher ist bei dieser Beschichtung für optimale Beleuchtung zu sorgen, denn nur mit dem Auge ist eine Kontrolle möglich. Wenn jetzt nicht sorgfältig gearbeitet wird, ist die ganze Mühe umsonst gewesen.

9 Am nächsten Tag kann der weitere Aufbau folgen: der einkomponentige Auftrag. Er ist gut zu vermischen und mit Rolle oder Pinsel aufzutragen. Wenn diese Schicht gut durch-

getrocknet ist, kann man mit dem Spachteln beginnen. Dabei sollte man ganz vorsichtig nur die kleinen Vertiefungen mit einem weichen Werkzeug ausspachteln und so arbeiten, dass man ohne Nachschleifen auskommt. Denn durch Nachschleifen kann man sehr leicht den so wichtigen Farbaufbau beschädigen.

10 Zum Schluss erfolgt der Anstrich mit Antifouling. Dieser Anstrich bewirkt aber in keiner Weise Schutz vor Korrosion, weil diese Farben keine wasserundurchlässige Deckschicht bilden, hiervon können sie also keinen weiteren Schutz erwarten. Antifouling soll auschließlich den Bewuchs verhindern – mehr ist nicht zu erwarten.

11 Die fertige Arbeit. Leider muss in diesem Falle die Unterseite des Kiels nachgearbeitet werden. Wenn es irgend geht, sollte man aber ein Vorgehen in zwei Schritten vermeiden.

12 Moderne Chemie: Ein Rostschutz-Aufbau, der Zeit benötigt, aber nachweislich über viele Jahre hält, wenn er sorgsam nach Anleitung erfolgt ist. Bei Kiel- oder Außenhautsanierungen sollte man nicht am Farbpreis sparen – dazu ist der Arbeitszeitanteil zu hoch.

Strahlender Auftritt:

Lackierungen von Außenhaut und unter Deck

Das Erscheinungsbild einer Yacht – egal aus welchem Material und aus welcher Werft – zeigt auch die innere Einstellung zum Segelsport. Den so genannten »Wasser-Touristen« wird die Ausstrahlung einer Yacht immer unwichtiger. Sie wollen mit einem »Fahrzeug« nur von A nach B und das in möglichst kurzer Zeit. Der wahre Segelsportler wendet sich mit Grausen ab und widmet sich seiner Bootspflege, denn auch das ist Teil eines wunderschönen Hobbys.

GFK-Gelcoats halten je nach Güte 10 bis 20 Jahre. Dann sind sie entweder durchpoliert oder ausgeblichen oder durch Schrammen derart verunziert, dass ein Neuaufbau fällig wird. Wer es ganz einfach haben will, der bringt seine Yacht in eine Lackieranstalt, die bereits nach wenigen Tagen eine fast neuwertige Yacht mit Allgrip-Beschichtung abliefert. Das ist ein Lack, der härter als Gelcoat ist und schon von vielen Werften für Neubauten eingesetzt wird. Diese Beschichtung ist aber nichts für den Hobby-Bootsbauer; das Einzige, was dieser hier leisten kann, sind Vorarbeiten: Abschrauben der Beschläge, Reinigen des Rumpfes und Spachteln/Schleifen. Das verringert erheblich die Lackierkosten. Farbschichten auf Holz- oder Metall-Yachten halten in der Regel weniger als zehn Jahre, dann muss nachgebessert werden. Etwas länger halten Zwei-Komponenten-Hartlacke, wenn sie nicht mechanisch überbelastet werden. Anhand eines 20 Jahre alten Waarschips zeigen wir die Grundsanierung.

1

1 So schön kann Segelsport sein: weiße Segel und ein perfekt lackiertes Holzschiff. Der große Farbkontrast zwischen kräftigem Rot und strahlendem Weiß im Deck kommt besonders in der Abendsonne gut zur Geltung.

2 Qual der Wahl: Nicht nur die Marke ist wichtig. Besonders wichtig ist die Farbverteilung – das Farbdesign. Machen Sie sich vom Seitenriss Ihrer Yacht Fotokopien und probieren Sie mehrere Entwürfe mit verschiedenen Farbkombinationen. Je sorgfältiger Sie hier mithilfe der Farbskalen der Hersteller planen, desto näher kommen Sie Ihrem Ziel.

3 Völlig von der Rolle: Wer mit ihr umgehen kann, wird sie lieben. Großflächige und gleichmäßige Aufträge sind mit den verschiedenen Ausführungen (Schaum, Lammfell, Filz) möglich, aber es entsteht kein Hochglanz-Lackbild – es bleibt immer ein wenig »Apfelsinenhaut-Effekt«.

4 Der Rundpinsel ist für Ecken und Winkel geeignet, auch gut für Kanten und zum Tupfen. Kaufen Sie keine Billig-Pinsel im Sortiment. Sie verbringen mehr Zeit mit dem Entfernen von herausgefallenen Borsten aus der Lackierung als mit der Lackierung selbst.

5 Der Flachmann ist immer gut für große Flächen. Entweder ganz mit dem Flachpinsel arbeiten oder mit der Rolle Farbe verteilen und mit dem Pinsel schlichten. Als Alternative bietet sich ein Schaumstreifen am Stiel (Pad) an, auch mit ihm kann man die Apfelsinenhaut verschlichten – dies verlangt ein wenig Übung und eine ruhige Hand.

6 Gut tragende Lackschichten nur anschleifen. Lockere Schichten entfernen und den Untergrund gut austrocknen lassen. Befallene Holzstellen herausarbeiten und mit Epoxy-Spachtel auffüllen.

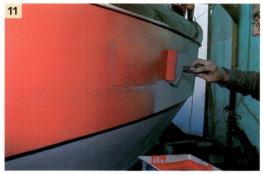

7 Besonders gefährdete Stellen: Dort, wo Beschläge gesessen haben, hat durch hohen Druck und Feuchtigkeit oftmals das Holz gelitten. Mit angedicktem Epoxy (siehe auch Seiten 157–159) kann man diese Stellen heute leicht reparieren.

8 Der erste Farbauftrag: Die Grundierung ist die wichtigste Voraussetzung für eine ordentliche Lackierung. Auch sie muss nach dem Aushärten erneut säuberlich geschliffen werden, wenn das abschließende Lackbild im Hochglanz erscheinen soll.

9 Mit dem Pinsel die Grundfarbe (passend zum Abschlusslack) in den Kanten vorstreichen, nachdem alle Kanten säuberlich abgeklebt worden sind.

10 Mit der kleinen Schaumrolle die kleinen Flächen bearbeiten. Achten Sie auf einen möglichst staubfreien Raum und saubere Werkzeuge, auch schon bei den Grundierungsarbeiten.

11 Mit der großen Rolle werden die großen Flächen bearbeitet: mit Einweg-Schaumrollen und Einweg-Farbwannen. Es lohnt sich nicht, diese Wannen auszuwaschen. Man bekommt sie nicht richtig sauber und ärgert sich nur über Rückstände beim nächsten Farbauftrag.

12 Endlackierung: Nach dem letztem Schliff wird der Endlack zweifach aufgebracht. Voraussetzungen: Luft um 20 °C, geringe Luftfeuchtigkeit, Staubfreiheit und absolut saubere Werkzeuge. Zunächst die Farbe per Schaumrolle auftragen und gleich anschließend mit weichem Flachpinsel verschlichten. Am besten ist, wenn man zu zweit arbeitet – einer rollt, einer schlichtet nach.

13 Backskisten und Cockpit werden in gleicher Weise behandelt. Auch sollte man die Innenseiten der Backskistendeckel lackieren, um ein gutes Gesamtbild zu erreichen.

14 Der Salon: Eine perfekte Weiß-Lackierung in gelungenem Kontrast zum Mahagoni-Naturholz. Je weniger Farben Sie einsetzen, desto großzügiger wirken die Innenräume. Auch die Farben von Gardinen, Polstern und Teppichen müssen aufeinander abgestimmt sein. Beginnen Sie mit den Polstern und nehmen Sie diesen Stoff beim Kauf von Gardinen und Teppich mit.

15 Das Vorschiff: Auch hier helle Lacke im Kontrast zu Naturholz-Rahmen. Die hellen Teppiche an den Innenwänden sind Isolation und Dekoration zugleich.

16 Der krönende Abschluss: Das Anbringen der Instrumente und Lampen. Auch hier auf Stil und Farbe zu achten. Man sollte nicht Produkte verschiedener Hersteller benutzen oder gar Messing, Niro und Kunststoff-Geräte kombinieren. Das wirkt wenig stilecht und zerstört die gesamte Vorarbeit.

CE-Norm für teilgefertigte Boote und Eigenbauten

Aus den »Richtlinien des Europäischen Parlaments über Sportboote« – 94/25/EG (Stand: Frühjahr 2001) muss der Selbstbauer insbesondere den Abschnitt »Sonderfragen« beachten. Hier wird zwischen zwei Fertigungsstufen unterschieden:

Teilgefertigte Boote
Grundsatz: Ein nicht vollständiges Boot darf nicht »in Verkehr gebracht« werden und erhält deshalb auch kein CE-Zeichen.
Eine Werft liefert eine Ausbauschale mit Herstellerbescheinigung direkt an einen privaten Kunden, der die Yacht selbst fertig stellt und auch selbst benutzt. Dieser Kunde hat nun die Wahl, die Vorarbeit der Werft (Bauüberwachung, Dokumentation, Herstellerbescheinigung) zu ignorieren – dann ist es ein Eigenbau, für den die Ausnahmeregelung dieser Richtlinien gilt.
Er kann aber auch die Funktion einer Werft übernehmen und muss dann auch die weiteren Prüfungen, Testate usw. erledigen. Er wird damit zum Hersteller, mit allen positiven und eventuell auch negativen Folgen. Das hat den Vorteil, dass er das Boot jederzeit wieder verkaufen kann und der Markt eventuell die Tatsache, dass die Yacht zertifiziert ist, preislich honoriert.

Eigenbauten
Eigenbauten gehören nach diesen Richtlinien zu den Ausnahmen, sie brauchen nicht das Zertifizierungsverfahren zu durchlaufen, wie in Kapitel 1, Artikel 1, Ziff. 3g ersichtlich. Dort ist aber auch die Einschränkung genannt, dass nämlich das Boot innerhalb von fünf Jahren nicht verkauft werden darf. Der Grund hierfür ist, dass kein grauer Markt geschaffen werden soll.
Ob diese Regelung rechtlich einwandfrei ist, da sie in die Nutzung von Eigentum eingreift, steht noch zur Diskussion. Es können ungewöhnliche Umstände eintreten (Krankheit, Tod, Scheidung, Verarmung), die eigentlich einen Verkauf der Yacht erfordern.
Nicht eindeutig beantwortet ist auch die Frage, ob ein Privatmann eine Yacht entsprechend der Richtlinien bauen und zertifizieren kann. Die Kommission unterscheidet nicht zwischen Hobby-Bootsbauer und gewerblichem Unternehmen. Bisher geht man international davon aus, dass jeder Erbauer eines Bootes die Funktion einer Werft übernehmen kann. Gewerbe- und Handwerksordnung wie in Deutschland sind in der EU die Ausnahme. Bedingung für diesen Weg ist aber, dass der Hobby-Bootsbauer eine Prüfstelle findet, die bereit ist, das Boot zu zertifizieren, wenn Größe und Fahrtbereich dies erfordern, denn wenigstens einige Prüfstellen werden hinsichtlich der Fertigungsbedingungen und auch in Bezug auf die Kenntnisse Forderungen stellen, die von einem Laien nicht ohne weiteres zu erfüllen sind.

Register

Abrichtscheibe 21
Absaugstutzen 151
Armaturen 98
Außenhaut 171

Bandschleifer 21
Baustoffe 7
Beschläge 24
Bespannung 37
Blitzableiter 109
Bohrmaschine 21
Bohrschrauber 21
Bordelektrik 113
Butt 140

Corrpassiv 170

Deckbeläge 153
Decksanierung 153
Decksbalken 127
Decken-
  verkleidung 89
Druckschalter 49
Druckspeicher 56

Eckverbindungen 84
E-Leitungen 62
Energieversorgung 112
Entsorgung 150
Epoxyd-Harz 158
Erdung 109
Erdungsplatte 113
Ergonomie 71

Fäkalientank 150
Farben 170
Farbroller 150
Federleiste 91
Fenster 73, 154, 163
Filzstift 79
Fingerloch 27
Fisch 140
Folien 37
Frischwasseranlage 52
Fußleisten 87

Gas-Anlage 94
Gehrung 74
Gehrungslehre 23
Geräteschrank 58
Geschirrhalter 68
GFK-Reparaturen 157
Glasmatte 159

Grundierung 167
Grundregeln 9

Handläufe 27
Handstichsäge 21
Hartschaum 48
Heizung 94
Holzausbau 71
Holzdecke 88

Impeller 106
Innenschale 48
Inspektionsöffnung 53
Instrumente 105

Jahresringe 136

Kabel 105, 113, 114
Kabelnut 86
Kabelquerschnitte 114
Kartentisch 58
Kegelfräser 23
Kielsanierung 167
Klemmleisten 115
Kocher 65, 70
Körperschall 111
Kojen 71, 101
Korkverkleidung 81
Korrosion 167
Kreissäge 85
Kühlschrank 66
Kupfer-
  Flachleitung 109
Kupferrohr 95

Lack 45, 118, 171
Lamellentür 83
Laminate 48
Laminatverbindung 85
Lampen 23
Lecksuche (Gas) 98
Leerrohre 105
Leibholz 140
Leim 38
Leiterquerschnitt 115
Leisten 24
Leitungssystem 113
Lenzrohr 98
Leuchtstofflampen 67
Lexan 163
Lochkreissäge 21
Luftschall 111
Lukeneinbau 160

Mastdurchbruch 90
Meisterstücke 126
Moosgummi 49

Nasszelle 78
Navigationsplatz 58
Netzplan 9
Noppen-Matte 112

Öle 155
Ölzeugschrank 82

Pantry 64
Permanentlüfter 149
Pfosten 128
Pfropfen 28
Pfropfenbohrer 21, 29
Planung 6, 9
Plexiglas 68, 124
Polster 101
Primer 144
Profile 24, 89
Propangasanlage 95
PVC-Tank 57

Radien 43
Rahmen 32, 43
Raumplanung 71
Reißzeug 23
Rostschutz 168
Rüsteisen 46
Rumpf-Durchbrüche 104
Rundhölzer 26

Sail-Away-Version 13
Salontisch 73
Sandwichpolster 100
Schalldämmung 111
Schalldämpfung 111
Schallschutz 111
Schaltplan 116
Schapps 71
Scharnierband 35
Schaumstoff 100
Scheuerleiste 26
Schiebetür 68
Schlauchstutzen 55
Schleifen 117
Schleifvorsatz 92
Schloss 62
Schmiege 101
Schnäpper 32
Schneidring 95

Schneidrolle 95
Schnellschieber 96
Schrauben 28
Schraubzwingen 23
Schublade 129
Schwitzwasser 48
Seeventil 55
Segel 131
Segelabmessungen 132
Senker 21
Sicherungen 107
Silikondichtungs-
  masse 105
Sitzmaße 71
Speedometer 105
Spüle 64
Stabsperrholz 70
Stäbe 136
Stecheisen 140
Stoffe 102
Stromlaufplan 114
Stumpfstoß 140

Tanks 52
Teakdeck 34
Teppich 122
Tischhöhe 71
Triax-Tuch 131
Trittstufen 26
Trockenschrank 82
Türen 32, 82
Türriegel 82

UV-Bestrahlung 129
Übergänge GFK/Holz 84
Überwurfmutter 95

Verdünnung 119
Vergussmasse 142
Vlies 101

Waschbecken 79
Wasserhahn 55, 56
Wasserpumpe 52
Wasserversorgung 52
Wasserwaage 23
WC-Raum 78
Wegerungen 48
Werkzeug 19
Wetterkappe 98
Winkelschleifer 136

Zylinderfräser 23, 105